ISSN 0021-1915

17. JAHRGANG · SEITEN 377—404 · BERLIN NOVEMBER 1981

IPRAX 17 17 (11) 377—404 (1981)

32036

11

isotopenpraxis

EVP 9,— M

AKADEMIE-VERLAG

An unsere Autoren

Die Zeitschrift veröffentlicht Beiträge zu folgenden Themen: Kontrolle und Analyse radioaktiver und stabiler Isotope, Anwendung radioaktiver und stabiler Isotope in allen Gebieten der Forschung und Technik der Industrie, Landwirtschaft und Medizin, Herstellung radioaktiver und stabiler Isotope sowie von markierten Verbindungen, kernelektronische Geräte für die Isotopenanwendung (Dickenmesser, Dichtemesser u. ä.) Detektoren für isotopentechnische Arbeiten und den Strahlenschutz in Isotopenlaboratorien, Meßtechnik und Strahlenschutz, Dosimetrie in Isotopenlaboratorien, kerntechnische Geräte für die Isotopenanwendung (Beton, Bestrahlungsanlagen u. ä.), Strahlenchemie, Radiochemie, ökonomische und perspektivische Fragen, Fragen der Weiterbildung.

1. Aufnahme von Manuskripten

Zur Veröffentlichung angenommen werden nur durckreife, noch nicht anderweitig publizierte Beiträge in deutscher, englischer oder russischer Sprache zum Themenbereich der Zeitschrift und zwar

Originalarbeiten
Kurze Originalmitteilungen
Aus der Praxis
Zusammenfassende Berichte
Tagungsberichte
Informationen.

Sind der Beitrag oder Teile daraus bereits veröffentlicht oder ist eine anderweitige Veröffentlichung vorgesehen, so muß dies der Redaktion mit genauer Angabe der Zweitveröffentlichung mitgeteilt werden. Mit der Annahme des Manuskriptes behält sich der Verlag das Recht der Vervielfältigung, Verbreitung und Übersetzung innerhalb der gesetzlichen Schutzfrist vor. Auszugsweiser Nachdruck oder photomechanische u. a. Wiedergabe sind an eine schriftliche Genehmigung des Verlages gebunden. Manuskripte, Zeichnungen und Photos von veröffentlichten Arbeiten werden nur auf den besonderen und bis zum Zeitpunkt der Veröffentlichung mitgeteilten Wunsch des Autors zurückgesandt.
Bei der unverlangten Einreichung von Manuskripten wird empfohlen, eine Befürwortung eines der Herausgeber oder Redaktionsausschußmitglieder beizufügen.
Manuskripte sind einzureichen bei der Redaktion, DDR-1086 Berlin, Leipziger Str. 3—4.

2. Form der Manuskripte

Die Autoren werden gebeten:
2 Manuskripte, eines davon in Original-Maschinenschrift, einseitig und mit 2zeiligem Abstand einzureichen; gut leserliche Photokopien sind zulässig; auf dem 1. Blatt (unter Weglassung der Bezeichnung)
den Titel der Arbeit
Vorname-Initialen und Namen sämtlicher Autoren
gegebenenfalls die Institution, in der sie tätig sind
eine kurze Zusammenfassung der Arbeit von höchstens 15 Zeilen
Keywords in alphabetischer Reihenfolge und
als Fußnote die Anschrift der Institution anzugeben;
wenn möglich auf gesonderten Blättern Namen, Titel der Arbeit und Zusammenfassung in den beiden anderen obengenannten Sprachen 2fach beizufügen;
Literaturhinweise (fortlaufend numeriert), Fußnoten, Tabellen, Abbildungen (in etwa 2facher Veröffentlichungsgröße), Abbildungsunterschriften (getrennt von den Abbildungen, mit Zeichenerklärungen, Quellenangaben, falls erforderlich, und gegebenenfalls mit einem Vermerk für besondere Wünsche bezüglich der Abbildungsgröße), private und Dienstanschrift der Verfasser mit akademischen Titeln und ausgeschriebenen Vornamen auf besonderen Blättern ans Ende des Manuskriptes zu stellen;
Wünsche für den Kolumnentitel (Seitenüberschrift) bekanntzugeben;
Absätze durch Einzüge von mindestens 3 Anschlägen kenntlich zu machen; die Maßeinheiten des SI-Systems ("Systéme International") zu verwenden; Korrekturen im Manuskript unmittelbar an der zu korrigierenden Stelle anzubringen;
Formeln deutlich lesbar und möglichst groß einzutragen;
Farbabbildungen und nachträgliche Änderungen oder Ergänzungen in Abbildungen zu vermeiden;
hervorzuhebende Textellen zu unterstreichen, und zwar halbfetten Satz mit einer geraden schwarzen Linie, kursiven Satz (Schrägschrift) mit einer blauen Wellenlinie (alle Eigennamen). Sperrungen gestrichelt;
besondere Buchstaben durch farbige Unterstreichung zu kennzeichnen, und zwar Formelzeichen in

Griechisch-Kursiv (α, β, ...) rot,
Kursiv (A, B, ...) blau
halbfetter Kursiv (***A***, ***B***, ...) 2 Linien blau (Vektoren),
halbfetter Grotesk (**A**, **B**, ...) 2 Linien violett (Tensoren);

bei Literaturangaben auf Vollständigkeit zu achten. In nachstehender Reihenfolge müssen angegeben sein:

a) bei *Zeitschriften*: Vorname-Initialen und Namen sämtlicher Autoren Titel der Zeitschrift (nach „Periodica Chimica" oder möglichst wenig gekürzt), Bandnummer (unterstrichen), Jahreszahl (in Klammern), Heftnummer (nur bei Zeitschriften, die jedes Heft mit S. 1 beginnen) sowie die Seitenzahl, auf der die zitierte Arbeit beginnt.

b) bei *Büchern*: Initialen der Vornamen und Name des Autors (Herausgeber werden durch den Zusatz „ed." gekennzeichnet), voll ausgeschriebener Titel des Buches in der Originalsprache, evtl. Bandnummer, voll ausgeschriebener Name des Verlages, Nummer der Auflage (außer der ersten), Erscheinungsort(e), Erscheinungsjahr (hier nicht in Klammern setzen!) und evtl. Kapitelnummer, Seitenzahl u. ä.

c) bei *Sammelbänden, Tagungsberichten*: Es soll zusätzlich der Titel des zitierten Beitrags angegeben werden. Die Seitenzahl muß unbedingt angegeben werden. Aus dem Zitat muß hervorgehen, ob es sich um einen Tagungssammelband oder um einen noch nicht veröffentlichten Vortrag handelt. Zwischen Tagungsort und Erscheinungsort des entsprechenden Tagungsberichts ist zu unterscheiden.

3. Korrekturen

Der Autor erhält zwei Umbruchabzüge, von denen einer möglichst schnell korrigiert an die Redaktion zurückgereicht werden soll. Auf Wunsch des Autors kann die Korrektur auch von der Redaktion gelesen werden.
Durch nachträgliche Manuskriptänderungen verursachte Korrekturkosten gehen, sofern sie 10% der Satzkosten übersteigen zu Lasten des Autors.
Der Autor erhält 50 Sonderdrucke kostenlos. Weitere Sonderdrucke können bis zur Rückgabe der Korrekturabzüge auf Kosten des Autors bei der Redaktion bestellt werden.

Bezugsmöglichkeiten

Bestellungen sind zu richten

— in der **DDR** an den Postzeitungsvertrieb unter Angabe der Kundennummer des Bestellenden oder an den AKADEMIE-VERLAG, DDR-1086 Berlin, Leipziger Straße 3—4
— **im sozialistischen Ausland** an eine Buchhandlung für fremdsprachige Literatur oder an den zuständigen Postzeitungsvertrieb
— **in der BRD und Berlin(West)** an eine Buchhandlung oder an die Auslieferungsstelle KUNST UND WISSEN, Erich Bieber OHG, D-7000 Stuttgart 1, Wilhelmstraße 4—6
— **in den übrigen westeuropäischen Ländern** an eine Buchhandlung oder an die Auslieferungsstelle KUNST UND WISSEN, Erich Bieber GmbH, CH-8008 Zürich, Dufourstraße 51
— **im übrigen Ausland** an den Internationalen Buch- und Zeitschriftenhandel; den Buchexport, Volkseigener Außenhandelsbetrieb der Deutschen Demokratischen Republik, DDR-7010 Leipzig, Postfach 160; oder an den AKADEMIE-VERLAG, DDR-1086 Berlin, Leipziger Straße 3—4

Zeitschrift „Isotopenpraxis"

Herausgeber: Im Auftrag des Akademie-Verlages herausgegeben von Prof. Dr. Justus Mühlenpfordt und Prof. Dr. Carl Friedrich Weiss
Verlag: Akademie-Verlag, DDR-1086 Berlin, Leipziger Straße 3—4; Fernruf: 2236221 oder 2236229; Telex-Nr.: 114420;
Bank: Staatsbank der DDR, Berlin, Kto.-Nr.: 6836-26-20712
Chefredakteur: Dr. Klaus Uhlig, Berlin
Anschrift der Redaktion (Fernruf: 6351177) der Zeitschrift Isotopenpraxis: Akademie-Verlag, DDR-1086 Berlin, Leipziger Str. 3—4
Veröffentlicht unter der Lizenznummer 1527 des Presseamtes beim Vorsitzenden des Ministerrates der Deutschen Demokratischen Republik
Gesamtherstellung: VEB Druckerei „Thomas Müntzer", DDR-5820 Bad Langensalza
Erscheinungsweise: Die Zeitschrift „Isotopenpraxis" erscheint monatlich. Die 12 Hefte eines Jahrganges bilden einen Band. Bezugspreis je Band 180,— M zuzüglich Versandspesen Preis für die DDR 108,— M) Preis je Heft 30,— (Preis für die DDR 18,— M)
Bestellnummer dieses Heftes: 1079/17/11

AN (EDV) 12831

ISOTOPENPRAXIS ISSN 0021-1951

Band 17 (1981) Heft 11, S. 377—404

Redaktion und Verlag: Akademie-Verlag, Redaktion Isotopenpraxis, 1080 Berlin, Leipziger Straße 3—4

Inhaltsverzeichnis

Originalarbeiten

Die Anreicherung von ^{15}N und ^{18}O durch chemischen Austausch im System NO, NO_2–H_2O, HNO_3, durchgeführt in einer Versuchs-Laboranlage und einer Kaskade für die Gewinnung von zwei Isotopen, wird beschrieben. Die Produktionsanlage besteht aus zwei Austauschersäulen für die ^{15}N-Trennung und zwei Trennsäulen für die Isolierung von ^{18}O, die beginnend vom Oberteil der ersten ^{15}N-Trennsäule mit an ^{15}N abgereicherten Stickoxiden beschickt werden. ^{15}N und ^{18}O werden unter Verwendung von Schwefeldioxyd, Salpetersäure und Wasserstoff als Rohmaterialien erzeugt. Nebenprodukte sind an ^{15}N und ^{18}O abgereicherte Schwefelsäure und Salpetersäure, die beide kommerziell interessant sind.

Die bisher bekannten Verfahren der Alkylierung von Benzen sind relativ unselektiv und ergaben geringe Ausbeuten, so daß sie für die Präparation von Toluen- und Xylen-Ring-^{14}C nicht geeignet erscheinen. Angeregt durch die technisch bereits genutzte katalysierte Disproportionierung von Toluen zu Benzen und Xylen wurde daher versucht, durch Umkehrung dieser Reaktion ein Herstellungsverfahren für die genannten Verbindungen unter Einsatz von Benzen-^{14}C zu entwickeln. Die erzielten Ergebnisse werden dargestellt und das endgültige Syntheseverfahren am Beispiel der Gewinnung von Toluen-Ring-^{14}C erläutert. Man arbeitet dabei in der Gasphase an einem geeigneten Festbettkatalysator in einer speziellen Verbundapparatur, die ein Recycling von nicht umgesetztem Benzen-^{14}C gestattet. Es werden ^{14}C-Aktivitätsausbeuten von durchschnittlich 58% erzielt.

Die Eignung organischer Elektrolysélösungen für die elektrolytische Abscheidung von Thorium wurde geprüft. Äthanol, Äthanol-Aceton-Mischung und Aceton gestatten innerhalb von ca. 10 min Elektrolysedauer die vollständige Abscheidung von Thorium in einem weiten Massebereich. Der Einfluß von Wasseranteilen auf die Abscheidegeschwindigkeit wurde untersucht. Die Auswahl der geeignetsten Elektrolyselösung erfolgte anhand der Reproduzierbarkeit der Homogenität abgeschiedener Schichten. Anwendungsbeispiele weisen sowohl auf die Eignung der Verfahren hin als auch auf Probleme, wie sie bei der Herstellung von Meßproben mit alphaaktiven Substanzen geringer spezifischer Aktivität für die alpha-spektrometrische Auswertung zu berücksichtigen sind.

Durch polarographische und voltametrische Untersuchungen konnte eine Wechselwirkung von UO_2^{2+} und Np^{4+} im Acetatpuffermedium festgestellt werden. Als Ursache wird eine Komplexbildung zwischen den Ionen im Konzentrationsverhältnis von $C_{UO_2^{2+}}:C_{Np^{4+}} = 2:1$ angegeben.

Die Strahlungsanzeige bei absorbierten Gamma-Dosen im Bereich von 10 bis 750 kGy und bei absorbierten Neutronen-Dosen von 10 mGy bis 700 Gy wurden unter Verwendung von schwedischen Silizium-Dioden des Typs 5422 untersucht. Die Ergebnisse zeigten, daß die Empfindlichkeit gegenüber Gamma-Strahlung bis zu 60 kGy 17,6 mV/kGy beträgt und daß sie zwischen 70 kGy und 700 kGy bei einem Meßfehler von ± 7% auf 10,17 mV/kGy zurückgeht während die Empfindlichkeit bei schnellen Spaltneutronen 67 mV/Gy beträgt. Faktoren, die die Dosimeteranzeige beeinflussen, wie hohe Temperaturen, Dosimeterglühen und Wiederverwendbarkeit wurden ebenfalls untersucht. Das System wurde zur Gamma- und Neutronen-Dosimetrie an einer starken Gamma-Quelle und an der Betonabschirmung eines Reaktors eingesetzt; es ist auch für die Dosimetrie in der aktiven Zone von Reaktoren vorgesehen.

Ausgehend von der Aufgabenstellung der Kerngeophysik als Teildisziplin der angewandten Geophysik werden wesentliche physikalische Probleme der kernphysikalischen Bohrlochmeßverfahren anhand des quantitativen Zusammenhanges Meßwert und interessierender geologischer Parameter unter besonderer Berücksichtigung der inneren und äußeren Störparameter behandelt. Daraus werden meßtechnische Forderungen für die Strahlungsquellen, notwendige Abschirmungen, die Detektoren, die Verarbeitungselektronik in den Bohrlochmeßsonden, für die Signalübertragung über das Kabel und die Registriertechnik abgeleitet und am Beispiel des GG- und NN-Bohrlochmeßverfahrens kurz erläutert.

Es werden einige k_0-Faktoren für die Standardisierung der Multielement-Neutronenaktivierungsanalyse bestimmt und mit Werten verglichen, die aus Kerndaten berechnet bzw. von anderen Autoren bestimmt werden.

Tagungsberichte

ISOTOPENPRAXIS

Band **17** (1981) Heft 11, S. 377–404

Redaktion und Verlag: Akademie-Verlag, Redaktion Isotopenpraxis, 1080 Berlin, Leipziger Straße 3–4

Contents

Articles

M. Abrudean, D. Axente, A. Bâldea

Enrichment of ^{15}N and ^{18}O by Chemical Exchange Reaction between Nitrogen Oxides (NO, NO_2) and Aqueous Nitric Acid (*in English*)

Isotopenpraxis **17** (1981) No. 11, p. 377 to 382
6 Fig., 2 Tab., 18 Ref.

^{15}N and ^{18}O enrichment by chemical exchange in NO, NO_2–H_2O, HNO_3 system using a laboratory experimental plant and a cascade for production of two isotopes is presented.
The production plant consists of two exchange columns for ^{15}N separation and two ^{18}O separation columns, feeded with nitrogen oxides depleted in ^{15}N from the top of the first ^{15}N-separation column.
Using nitric acid, sulphur dioxide and hydrogen as the raw materials ^{15}N and ^{18}O are produced, the by-products being ^{15}N and ^{18}O depleted nitric acid and sulphuric acid, both of commerical interest.

R. Russow, U. Kosakowsky

On the Preparation of Methylbenzene-Ring-^{14}C from Benzene-^{14}C by a Microcatalytic Process

Isotopenpraxis **17** (1981) No. 11, p. 382 to 384
– Fig., 1 Tab., 10 Ref.

The known processes of the alkylation of benzene are relatively nonselective and give low yields. Therefore they are not very suitable for the preparation of toluene- and xylene-ring-^{14}C. The catalytic disproportionation of toluene into benzene and xylene is already used. Hence it was attempted to develop a procedure for the preparation of the abovementioned ^{14}C-compounds by the reversion of this reaction using benzene-^{14}C as feedstock. The obtained results are presented and the developed synthesis is example of the preparation of toluene-ring-^{14}C. In this case one works in the vapor phase on a fixed bed catalyst in a special compound device which makes it possible to recycle the unreacted benzene-^{14}C. The obtained average activity yield is 58%.

W. Gruner, A. Beutmann, S. Lorenz

Electrolytic Thorium Deposition for Alpha-Spectrometric Analyses

Isotopenpraxis **17** (1981) No. 11, p. 385 to 388
8 Fig., – Tab., 19 Ref.

The suitability of organic solutions for the electrolytic deposition of thorium was tested. With ethanole, ethanole-acetone-mixtures and acetone it was possible to reach complete deposition of thorium over a great mass range within 10 minutes. The influence of water content on the speed of electrolysis was investigated. Examples of application indicate the suitability of this method as well as the problems, which have to be considered in preparing alpha-active samples with low specific activity for alpha spectrometry.

U. Niese

Polarographic and Voltametric Investigation of Uranium and Neptunium in Acetate as Buffer Agent

Isotopenpraxis **17** (1981) No. 11, p. 388 to 391
5 Fig., 2 Tab., 19 Ref.

Polarographic and voltametric measurements were undertaken to investigate the interaction of UO_2^{2+} and Np^{4+} in acetate buffer media. The reason is the building of a complex between these two ions in a concentration ratio of $C_{UO_2^{2+}}:C_{Np^{4+}} = 2:1$.

Содержание

Статьи

М. Абрудеан, Д. Аксенте, А. Бальдеа

Обогащение ^{15}N и ^{18}O путем химической обменной реакции между окисями азота (NO, NO_2) и водной азотной кислотой (*на англ. языке*)

Isotopenpraxis **17** (1981) вып. 11, стр. 377 до 382
6 рис., 2 табл., 18 лит.

Описывается процесс обогащения ^{15}N и ^{18}O путем химического обмена в системе NO, NO_2–H_2O, HNO_3, выполненного на опытной лабораторной установке и каскаде для получения двух изотопа. Производственная установка состоит из двух обменных колонн для отделения ^{15}N и двух отделительных колонн для отделения ^{18}O, на которые начиная с верхней части первой колонны для отделения ^{15}N подаются обедненные в отношении ^{15}N окиси азота. ^{15}N и ^{18}O производятся с использованием азотной кислоты, двуокиси серы и водорода в качестве исходных материалов. Побочными продуктами являются обедненные в отношении ^{15}N и ^{18}O серная кислота и азотная кислота, обе интересны с коммерческой точки зрения.

Р. Руссов, У. Косаковски

Получение радиоактивно-меченых в кольце метилбензолов-^{14}C из бензола-^{14}C микрокаталитическим способом

Isotopenpraxis **17** (1981) вып. 11, стр. 382 до 384
– рис), 1 табл., 10 лит.

Известные до сих пор способы алкилирования бензола являются относительно неселективными и дают незначительные выходы, так как они оказываются непригодными для производства толуольного и ксилольного колец-^{14}C. На основании технически уже используемого метода каталитического диспропорционирования толуола в бензол и ксилол была сделана попытка путем обращения этой реакции разработать способ получения указанных соединений с применением бензола-^{14}C. Полученные результаты представляются и окончательный способ синтеза объясняются на примере получения толуольного кольца ^{14}C. При этом работают в газовой фазе на пригодном стационарном катализаторе в специальной комбинированной аппаратуре, позволяющей рециркуляцию непрореагировавшего бензола-^{14}C. Достигаются выходы ^{14}C-активностей в среднем 58%.

В. Грунер, А. Бойтманн, С. Лоренц

Электролитическое осаждение тория для альфа-спектрометрических анализов

Isotopenpraxis **17** (1981) вып. 11, стр. 385 до 388
8 рис., – табл., 19 лит.

Исследовалось пригодность органических растворов для электроосаждения тория. С помощью этанола, смеси этанол-ацетона и ацетона было возможно достичь полного осаждения тория в большом диапазоне масс в течении 10 минут. Исследовано влияние доли воды на скорость осаждения.
Примеры применения метода показывают не только пригодность метода, но и проблемы, которые должны учитываться при изготовлении для альфа-спектрометрии измерительных проб альфаактивных веществ с малой удельной активностью.

У. Нийзе

Полярографическое и вольтаметрическое исследование урана и нептуния в ацетатном буфере

Isotopenpraxis **17** (1981) вып. 11, стр. 388 до 391
5 рис., 2 табл., 19 лит.

Методом полярографических и вольтаметрических исследований удалось выявить взаимодействие в ацетатном буфере UO_2^{2+} и Np^{4+}. В качестве причины приводится комплексообразование между ионами с соотношением концентрации $C_{UO_2^{2+}}:C_{Np^{4+}} = 2:1$

Enrichment of ^{15}N and ^{18}O by Chemical Exchange Reaction between Nitrogen Oxides (NO, NO_2) and Aqueous Nitric Acid

M. Abrudean, D. Axente, S. Bâldea

(Institute for Isotopic and Molecular Technology)[1])

^{15}N and ^{18}O enrichment by chemical exchange in NO, NO_2-H_2O, HNO_3 system using a laboratory experimental plant and a cascade for production of two isotopes is presented. The production plant consists of two exchange columne for ^{15}N separation and two ^{18}O separation columns, feeded with nitrogen oxides depleted in ^{15}N, from the top of the first ^{15}N separation column. Using nitric acid, sulphur dioxide and hydrogen as the raw materials, ^{15}N and ^{18}O are produced, the by-producte being ^{15}N and ^{18}O depleted nitric acid and sulphuric acid, both of commercial interest.

Keywords

chemical exchange; isotope separation; isotopic exchange; nitrogen 15; oxygen 18; separation columns

The choised method for ^{15}N and ^{18}O separation is based on chemical exchange between nitrogen oxides (NO, NO_2) in gaseous phase and aqueous nitric acid [1 – 5].

In this system the following exchange reactions take place:

$$^{15}NO,\ ^{15}NO_2 + H^{14}NO_3 \rightleftharpoons\ ^{14}NO,\ ^{14}NO_2 + H^{15}NO_3 \quad (1)$$

with a single stage separation factor α of 1·055 at 25 °C, atmospheric pressure and 10 M/l nitric acid solution,

$$N^{16}O,\ N^{16}O_2 + H_2\,^{18}O \xrightleftharpoons{HNO_3} N^{18}O,\ N^{18}O_2 + H_2\,^{16}O \quad (2)$$

with a single stage separation factor α of 1·018 at 25 °C, atmospheric pressure and 8 M/l nitric acid solution.

Chemical exchange (1) is one of the most important method used to prepare 99,9% nitrogen – 15 on large scale [6].

The enrichment of ^{18}O based on exchange reaction (2) was investigated only on laboratory experimental plants [2–4, 7] and was not utilised for ^{18}O production, although this exchange occure rapidly [8], and has a considerable single stage separation factor.

In this paper we give the results of our research on ^{15}N and ^{18}O enrichment in NO, NO_2-H_2O, HNO_3 system, using a laboratory experimental plant and a cascade for production of two isotopes.

Experimental

1) *Laboratory plant*

The laboratory plant (Fig. 1) was made of Pyrex glass and consists of:

The exchange column for ^{15}N separation (1) Fig. 1, 190 cm long, 16 mm inside diameter, packed with stainless steel 2·3 × 2·3 × 0·2 mm column packing (triangular wire springs), was thermostated at 25 °C.

In the nitrogen oxides refluxer (2) Fig. 1 nitric acid is converted in nitric oxide and nitrogen dioxide by addition of gaseous sulphur dioxide:

$$\begin{aligned} 2\,HNO_3 + 3\,SO_2 + 2\,H_2O &\rightarrow 2\,NO + 3\,H_2SO_4 \\ 2\,HNO_3 + SO_2 &\rightarrow 2\,NO_2 + H_2SO_4 \end{aligned} \quad (3)$$

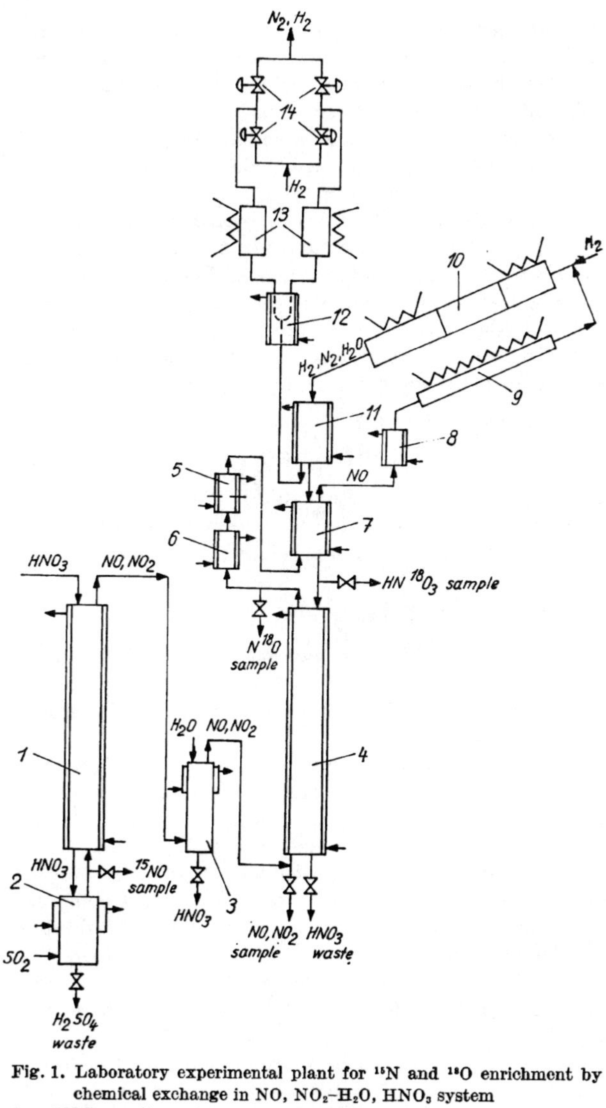

Fig. 1. Laboratory experimental plant for ^{15}N and ^{18}O enrichment by chemical exchange in NO, NO_2-H_2O, HNO_3 system

1 – ^{15}N Separation column; 2 – Nitrogen oxides refluxer; 3 – Absorption column; 4 – ^{18}O Separation column; 5 – Cracking reactor with electric discharge; 6, 8 – Heat exchanger 7 – Column absorber; 9 – Preheating furnace; 10 – Conversion reactor; 11 – Condenser; 12 – Condenser cooled at 0·5 °C; 13 – Molecular sieve adsorbents; 14 – Solenoid valves

[1]) Address: 3400 Cluj–Napoca, P.O. Box 243, Romania

In the absorption column (3) Fig. 1, packed with stainless steel 2·3 × 2·3 × 0·2 mm column packing, a part of nitrogen dioxide, from waste gas stream of column (1) Fig. 1, is removed by reaction with a controlled flow of water:

$$3\,NO_2 + H_2O \rightarrow 2\,HNO_3 + NO \tag{4}$$

The exchange column for ^{18}O separation (4) Fig. 1, 190 cm long, 10 mm inside diameter, packed with stainless steel 1·8 × 1·8 × 0·2 mm cloumn packing, was thermostated at 25 °C.

For reflux, the nitrogen oxides at the top of the column (4) Fig. 1 must be converted into water and nitric acid without any loss or addition of oxygen in the reflux system.

A part of the nitric oxide from the gas stream which leaves column (4) is decomposed into N_2 and O_2 in the cracking reactor (5) Fig. 1 with an electric discharge between platinum electrodes [9]:

$$NO \xrightarrow{\text{electric discharge}} 1/2\,N_2 + 1/2\,O_2 \tag{5}$$

$$NO + 1/2\,O_2 \rightarrow NO_2 \tag{6}$$

The nitrogen dioxide concentration of gaseous stream leaving exchange column (4) of about 5–10% is concentrated to about 25% by means of reactions (5), (6).

The nitrogen dioxide (formed in (5) Fig. 1) is absorbed in water giving nitric acid in a small column absorber (7) Fig. 1, 40 cm long, 15 mm inside diameter, with ceramic packing 2–3 mm inner diameter.

Nitric oxide from (7) Fig. 1 is cooled in the heat exchanger (8) to retain water and nitric acid vapours, preheated at 500 °C in a small furnace (9) Fig. 1 and enters in the stainless steel conversion reactor (10) 65 cm long, 50 mm inside diameter 10. In the first part of this reactor, packed with chromium-nickel 2·3 × 2·3 × 0·3 mm column packing, nitric oxide reacts with hydrogen at 700–800 °C:

$$2\,NO + 2\,H_2 \rightarrow 2\,H_2O + N_2 \tag{7}$$

$$NO + 5/2\,H_2 \rightarrow NH_3 + H_2O \tag{8}$$

In the second part of reactor (10) Fig. 1 the small amount of ammonia formed (reaction 8) is decomposed on a stainless steel 2·3 × 2·3 × 0·2 mm column packing at 850 bis 900 °C:

$$2\,NH_3 \rightarrow N_2 + 3\,H_2 \tag{9}$$

Water vapours with nitrogen and excess of hydrogen (reaction 7–9) enter in the condenser (11) Fig. 1 (cooled at 0·5 °C) where most of the water is condensed and flows into packed column (7).

The small amount of water enriched in ^{18}O from gas stream leaving the condenser (11) is recovered and returned into the column (7) by means of condenser (12) (cooled at 0·5 °C) and molecular sieve adsorbents (13) Fig. 1. Molecular sieve adsorbents, each filled with 15 g 5 A molecular sieve, are connected in parallel, so that one part could be used, while the other one is regenerated by backfluxing with dry hydrogen (with −40 °C dew point), this operation being automatically controlled. Molecular nitrogen and excess of hydrogen dried at −70 °C dew point leave the plant by means of solenoid valves (14) Fig. 1.

Samples of nitrogen oxides, water and nitric acid for chemical and isotopic analyses with respect to ^{15}N and ^{18}O separation plant control were extracted at the bottom of the exchange column (1) Fig. 1 and the top of the exchange column (4) Fig. 1.

Nitrogen oxides samples for ^{15}N isotopic analyses were initially converted into molecular nitrogen [11, 12] and $N^{18}O$ samples for ^{18}O isotopic analyses were initially converted in carbon dioxide [13] and then introduced in ATLAS–M 86 mass-spectrometer.

Before each run colume (1, 4) were flooded with nitric of adequate concentration from an auxiliary supply and both parts of reactor (10) were pre-heated up to 300–400 °C, respectivelly 850–900 °C in hydrogen flow, molecular sieve adsorbents were turned-on and furnace (9) was heated at 500 °C.

The exchange column (1) Fig. 1 was feeded with nitric acid solution at operating rate. In the same time column (4) was drained, the flow of auxiliary nitric acid being maintained to the operation rate while the reflux was started.

The waste gas from the top of the ^{15}N column was admitted into the bottom of the column (3) and then in the ^{18}O separation column (4) and after nitric acid start to drip from the refluxer, the flow from auxillary supply of nitric acid was stopped.

This procedure maintained the proper wetting of the packing in the exchange columns (1, 4) Fig. 1.

All experiments described in this paper were done at atmospheric pressure and 25 °C.

2) *Cascade for ^{15}N and ^{18}O production*

The cascade for ^{15}N and ^{18}O production using the method of chemical exchange in NO, NO_2–H_2O, HNO_3 system is constructed as shown schematically in Fig. 2.

It has two exchange columns, for ^{15}N separation as it is described elsewhere [14]: column (1) Fig. 2, packed with stainless steel 2·3 × 2·3 × 0·2 mm column packing and column (2), packed with stainless steel 1·8 × 1·8 × 0·2 mm column packing, were thermostated at 25 °C.

Nitric acid feeded at the top of column (1) flows into refluxer (3) Fig. 2. In this all glass unit [15, 16] nitric acid is converted into nitrogen oxides in the same way as it has been described for the laboratory plant. A part of nitric acid from the bottom of column (1) Fig. 2 is feeded in the top of column (2).

The concentration of nitrogen dioxide in the waste gas stream which leaves the top of column (1) is corrected to the suitable value by means of the small packed column (5). From it nitrogen oxides feed ^{18}O column (6) which consistes of a 10 m long stainless steel pipe, 50 mm inside diameter, packed with stainless steel 2·3 × 2·3 × 0·2 mm column packing thermostated at 25 °C.

The conversion of nitric oxide to nitric acid from the top of this column is realised in a product refluxer which consists of: four cracking reactors with electric dischange (7) Fig. 2, the absorbtion column (8), preheating furnace (9), conversion reactor (10), heat exchangers (11).

The recovery of small amounts of water ($H_2{}^{18}O$) from gas stream leaving the plant is realised automatically in a system of 5 A molecular sieve, adsorbents (12).

A part of nitrogen oxides from gas stream leaving the top of column (6) is feeded to the bottom of column (13) Fig. 2, which consists of a 10 m stainless steel pipe, 14 mm inside diameter, packed with stainless steel 1·8 × 1·8 × 0·2 mm column packing and thermostated at 25 °C.

Phase conversion at the top of column (13) is realised in a reflux system (Fig. 2) in the same way as for column (6) and described before for laboratory plant.

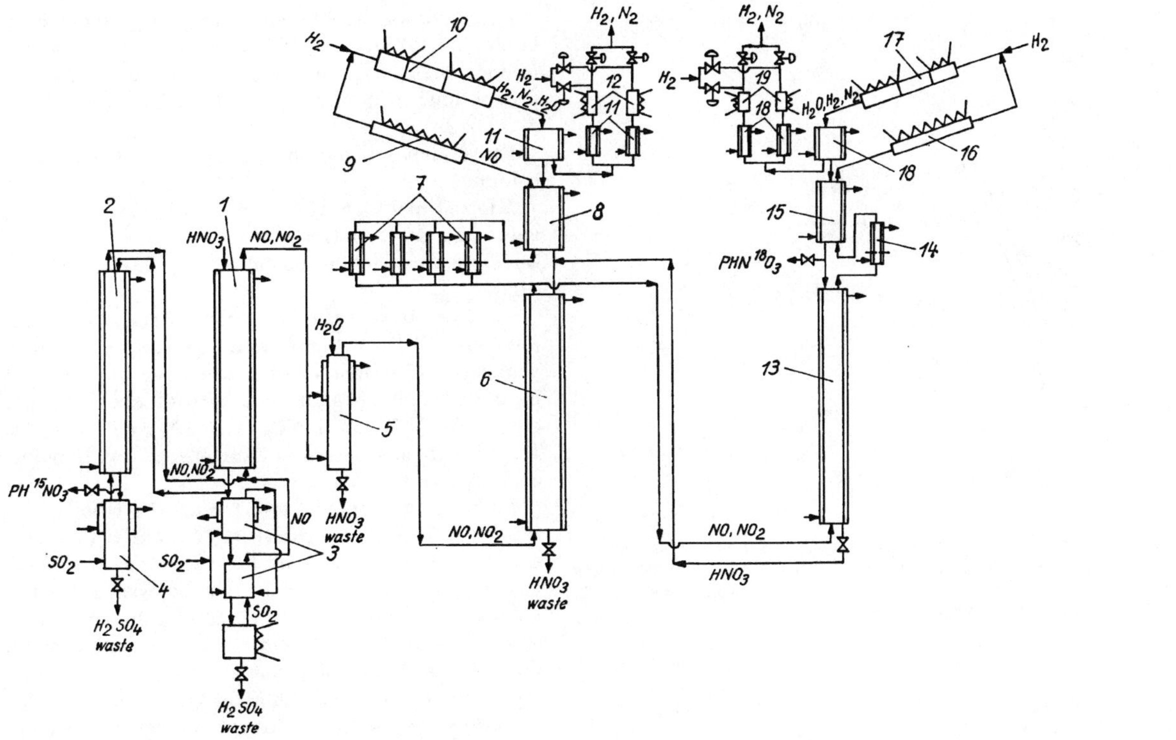

Fig. 2. Cascade for ^{15}N and ^{18}O production using NO, NO_2–H_2O, HNO_3 exchange method
1, 2 – ^{15}N Separation columns; 3, 4 – Nitrogen oxides refluxers 5 – Packed column 6, 13 – ^{18}O Separation columns 7, 14 – Crakking reactors with electric dischange 8, 15 – Absorption columns 9, 16 – Preheating furnaces; 10, 17 – Conversion reactors 11, 18 – Heat exchangers 12, 19 – Molecular sieve adsorbents

Nitric acid which flows at the bottom of column (13) at isotopic and chemical equilibrium with feeding nitrogen oxides, is pumped into the top of column (6).

The product of the cascade is withdrawn at the bottom of column (2) as $H^{15}NO_3$ or ^{15}NO and at the top of column (13) as $HN^{18}O_3$, $N^{18}O$ or $H_2^{18}O$.

Results and discussion

Tab. 1, Fig. 3 and 4 present the results obtained from the laboratory plant.

In Fig. 3 and 4 the dependence of ^{15}N and ^{18}O concentration, respectivelly the ^{18}O separation on time are shown.

The over – all isotopic separation at steady state and total reflux (S_∞) is the ratio between ^{18}O concentration and natural abundance (0·204% ^{18}O).

The height equivalent to a theoretical plate (HETP) is calculated using the eq. valid for total reflux and steady state operation of column [17]:

$$\mathrm{HETP} = \frac{H \cdot \log \alpha}{\log S_\infty} \tag{10}$$

where: H is the height of the column (cm), α is the single stage separation factor and S_∞ is the over all isotopic separation.

The results shown in Tab. 1 indicate that optimal flow rate for ^{15}N separation is 1·55–1·86 ml/cm² · min. at 8–10 M/l nitric acid and 63·4 at. mgO/cm² · min. for ^{18}O separation at 5·8 M/l nitric acid.

The HETP (Tab. 1) 4·11–4·56 cm, are in good agreement with other data published [11] for ^{15}N separation using exchange column with Helipak packing.

Tab. 1. ^{15}N and ^{18}O separation data obtained on laboratory experimental plant

Run No	Run Time	^{15}N Separation				^{18}O Separation				
		HNO_3 conc.	HNO_3 Flow Rate	Overall Separation	HETP	NO, NO_2 Flow Rate	HNO_3 conc.	Oxygen Flow-Rate	Overall Separation	HETP
	h	M/l	ml/cm² · min		cm	l/h	M/l	mg.at.O/cm² · min		cm
1	74	8	1·86	10·25	4·26	64·25	8·7	27·2	1·245	15·46
2	50	8	1·86	7·06	5·20	64·5	8·5	61·5	1·348	11·34
3	34	8	1·86	5·67	5·86	64·5	8·5	61·5	1·264	14·40
4	58	8	1·86	7·88	4·92	64·5	8	61·5	1·274	13·99
5	62	8	1·86	9·29	4·56	64·5	7·5	61·5	1·377	10·58
6	56	8	1·86	—	—	66·5	5·8	63·4	1·549	7·74
7	44	10	1·55	11·82	4·11	57·8	5·2	55·1	1·279	13·77

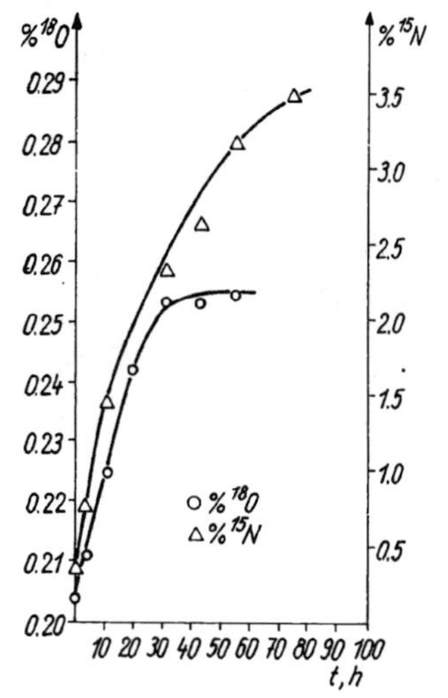

Fig. 3. ^{15}N and ^{18}O isotopic concentration as a function of time on laboratory exiperimental plant, for 8 M/l HNO_3, at 25 °C and 1·86ml HNO_3/cm^2 · min flow-rate, in ^{15}N column, respectively 61·5 mg · at O/cm^2 · min in ^{18}O column

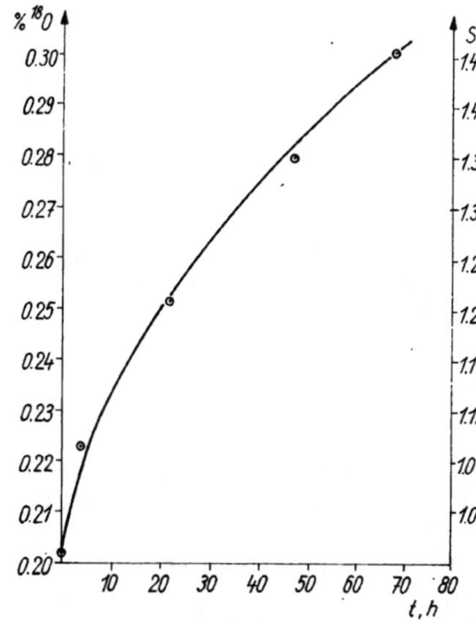

Fig. 4. ^{18}O isotopic concentration and separation as a function of time on laboratory experimental plant for 5·8 M/l HNO_3 at 25 °C and flow-rate approximately 63·4 mg · at · O/cm^2 · min

The HETP (Tab. 1) 7·74—10·58 cm for ^{18}O separation are greater with 20—30% than those presented by *Saxena* and *Taylor* [2] for "Helipak" column packing but in good agreement with HETP published by *Borisov* et al. [7] on "Levina" column packing.

In Tab. 2 the parameters and separation data for ^{18}O production plant (column 6, 13) at total reflux and in production are presented. For all data (Tab. 2) ^{15}N production plant (column 1, 2, Fig. 2) was operated in production, the isotopic concentration of the product ($H^{15}NO_3$) being 99·5—99·9% ^{15}N.

HETP obtained for column (1) is of 11·5—13·8 cm at a flow-rate of 2·2 ml HNO_3 (10 M/l)/cm^2 · min, and 4·4—4·7 cm for column (2) Fig. 2 at a flow rate of 1·66 ml HNO_3 (10 M/l)/cm^2 · min.

We do not insist on ^{15}N plant according the fact that the technical feasibility of producing ^{15}N by this method is well established [18].

Fig. 5 shows the ^{18}O concentration gradient in the top of column (6) and (13) Fig. 2 during continuous operation of 1584 hours at total reflux and for several rates of ^{18}O production: 1·53 × 10^{-4} — 3·24 × 10^{-4} g. at. ^{18}O/h (Run 2, Tab. 2).

Fig. 6 shows a plot of HETP vs. oxygen flow rate in column (13).

The optimal flow rate seems to be about 63 at. mg. O/cm^2 · min (10·1 ml HNO_3 sol/cm^2 · min) as it was for the same column packing on laboratory exchange column (4) Fig. 1.

At low flow rate of about 36 mg. at. C/cm · ^{2}min. (0·42 ml HNO_3 sol/cm^2 · min) an improper wetting of packing in 10 m long column causes an important increase in HETP and at high flow rate of about 85 mg. at. O/cm^2 · min (1·35 ml HNO_3 sol/cm^2 · min) the value of HETP increases because of turbulence and flooding in the column.

There is an important difference between the optimal flow rate for ^{15}N separation (1·66 ml HNO_3 sol/cm^2 · min) and for ^{18}O separation (1·01 ml HNO_3 sol/cm^2 · min) although the same column packing was utilised in both columns (2) and (13) Fig. 2. The only explanation this fact seems to be that in the ^{15}N separation column the upward gas flow is of about 2 mol/h, the gas flow for ^{18}O separation column (13) being 5·85 mol/h, which may "dry" the lower part of the packing from the 10 m long column, causing an important increase of HETP.

We cannot explain this fact taking into account the rate of chemical exchange in NO, NO_2-H_2O, HNO_3 system, because $^{18}O/^{16}O$ isotopic exchange rate is higher than $^{15}N/^{14}N$ isotopic exchange rate [14].

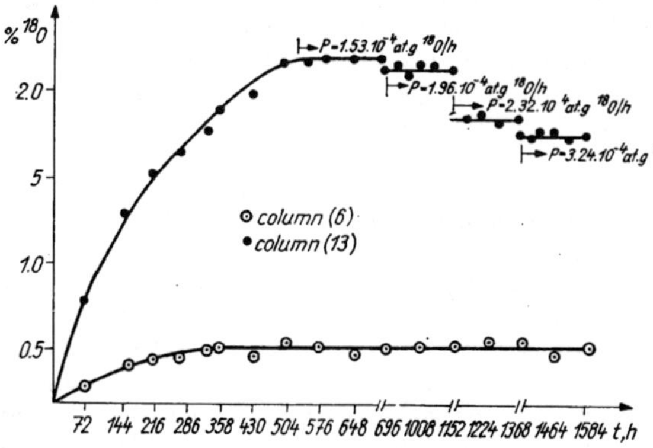

Fig. 5. ^{18}O isotopic concentration as a function of time on production plant for Run 3 (Tab. 2)

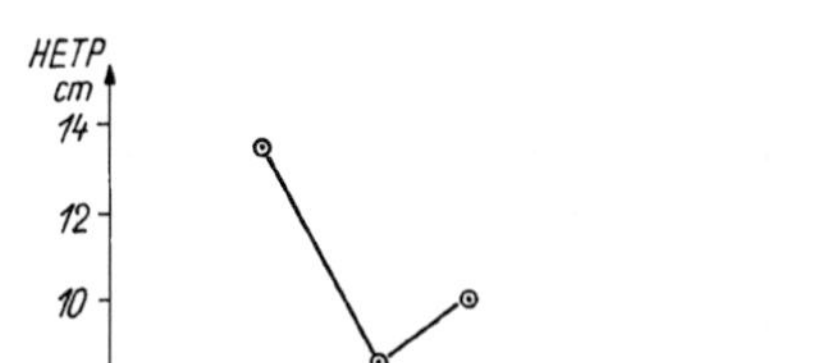

Fig. 6. Effect of oxygen flow-rate (L) in column (13) on HETP for Run 2; 4; 5 (Tab. 2)

Tab. 2. Operation parameters for ^{18}O production plant

Operation Parameters for ^{18}O Production Plant	Run No				
	1	2	3	4	5
Column 6					
Nitrogen oxides flow rate l/h	880	880	880		
Nitric acid flow rate ml/h	—	500	565		
Oxygen flow rate at. mg. O/cm², min	31·14	31·14	31·14		
Nitric acid concentration at the top of the column M/l	6·6	6·0	6·3		
Nitric acid concentration at the bottom of the column, M/l	4·36	4·0	4·15		
Run time, h	424	970	4200		
^{18}O concentration at the top of the column, % ^{18}O	0·48	0·80	0·60		
HETP, cm	22·2	12·3	—		
Column 13					
Nitrogen oxides flow rate l/h	80	80	85	140	185
Nitric acid flow rate ml/h	—	—	56·5	94	121
Oxygen flow rate at. mg. O/cm² · min	36·075	36·075	38·32	63·17	83·76
Nitric acid concentration at the top of the column M/l	6·9	6·9	9·3	7·85	7·85
Run time, h	424	750	4200	600	200
^{18}O concentration at the top of the column, % ^{18}O	1·17	2·85	2·40—1·7	1·48	1·1
HETP, cm	19·22	13·48	—	8·6	10·1
Plant production at. g. ^{18}O/h	Total Reflux	Total Reflux	$1{\cdot}53 \cdot 10^{-4}$— $3{\cdot}24 \cdot 10^{-4}$	Total Reflux	Total Reflux

Conclusions

We conclude from our experiments on ^{15}N and ^{18}O production cascade that the use of 6—8 M/l HNO_3 at 25 °C and at atmospheric pressure at a flow rate of 63 at. mg. O/cm²· min are the optimal operating parameters for ^{18}O separation columns with stainless steel triangular wire springs column packing (1·8 × 1·8 × 0·2 mm).

To arrive at 6—8 M/l HNO_3, if the ^{15}N columns is operated with 10 M/l HNO_3, the waste gas stream (NO, NO_2) from the top of ^{15}N separation column (1) Fig. 2 is used directly to feed ^{18}O separation plant, a part of NO_2 (N_2O_4) being removed by passing it countercurrently with a controlled flow of water through a short packed column.

Using nitric acid, sulphur dioxide and hydrogen as the raw materials we produced ^{15}N and ^{18}O with an integrated cascade, by-products being ^{15}N and ^{18}O depleted nitric acid and sulphuric acid, both of commercial interest.

Received November 14, 1980

References

[1] *W. Spindel, T. I. Taylor*, J. Chem. Phys. **23** (1955) 981

[2] *S. C. Saxena, T. I. Taylor*, J. Phys. Chem. **66** (1962) 1480

[3] *T. I. Taylor*, J. Chem. Phys. **60** (1963) 150

[4] *E. D. Oziashvili, Yu. V. Nicolaev, N. F. Myasoedov*, Soob. Akad. Nauk Gruzinskoi SSR, **29** (1962) 289

[5] *D. Axente, T. Fodor, V. Mercea, M. Peculea*, Rev. Roum. Chim. **13** (1968) 707

[6] *A. B. Bahtadze*, Proceedings of a Technical Committee Meeting, Leipzig, 14–18 February 1977, International Atomic Energy Agency Vienna 1977, 3

[7] *A. V. Borisov, I. G. Gverliteli, R. Ya. Kucherov, Yo. V. Nicolaev, E. D. Oziashvilli*, Dritte Arbeitstagung über Stabile Isotope, Leipzig 1963, Akad. Verlag Berlin 1965, 171

[8] *S. Jordan, T. Bonner*, Inorg. Chem. **12** (1973) 1369

[9] *M. Abrudean, D. Axente, A. Bâldea*, Rev. Chim. **26** (1975) 485

[10] *D. Axente, M. Abrudean, A. Bâldea*, Rev. Chim. **27** (1976) 629

[11] *T. I. Taylor, W. Spindel*, Proceedings of the Symposium on Isotope Separation, Amsterdam 1957, North-Holland Publ. Co., Amsterdam 1958, 166

[12] *D. Axente*, Rev. Chim. **19** (1968) 671

[13] *A. Baldea, M. Abrudean, D. Axente, I. Vancea, N. Palibroda*, Rev. Roum. Chim. **24** (1979) 769

[14] *D. Axente*, Studii Cercet. Chimie **19** (1971) 305

[15] *J. Mahenc*, J. Chim. Phys. **11–12** (1965) 1399

[16] *J. Mahenc*, C. R. Acad. Sc. Paris **261** (1965) 5449

[17] *J. K. Cohen*, The Theory of Isotope Separation, Mc. Graw-Hill Book Co., Inc. New York, N. Y. (1951)

[18] *G. M. Begun, J. S. Drury, E. F. Joseph*, Ind. Eng. Chem. **1** (1959) 1039

Zur Herstellung von ^{14}C-kernmarkierten Methylbenzenen aus Benzen-^{14}C nach einem mikrokatalytischen Verfahren

R. Russow, U. Kosakowsky

(VEB „Otto Grotewohl" Böhlen)[1])

Die bisher bekannten Verfahren der Alkylierung von Benzen sind relativ unselektiv und ergeben geringe Ausbeuten, so daß sie für die Präparation von Toluen- und Xylen-Ring-^{14}C nicht geeignet erscheinen. Angeregt durch die technisch bereits genutzte katalysierte Disproportionierung von Toluen zu Benzen und Xylen wurde daher versucht, durch Umkehrung dieser Reaktion ein Herstellungsverfahren für die genannten Verbindungen unter Einsatz von Benzen-^{14}C zu entwickeln. Die erzielten Ergebnisse werden dargestellt und die endgültige Arbeitstechnologie am Beispiel der Gewinnung von Toluen-Ring-^{14}C erläutert. Man arbeitet dabei in der Gasphase an einem geeigneten Festbettkatalysator in einer speziellen Verbundapparatur, die ein Recycling von nicht umgesetztem Benzen-^{14}C gestattet. Es werden ^{14}C-Aktivitätsausbeuten von durchschnittlich 58% erzielt.

Keywords

aromatics; carbon 14 compounds; catalysis; chemical preparation; gas chromatography; toluene

1. Einleitung

Die bekannten klassischen Verfahren der Alkylierung von Benzen bzw. Halogenbenzen nach *Friedel-Craft* und *Wurtz-Fittig* [1] sind für die Herstellung von ^{14}C-kernmarkiertem Methylbenzen, insbesondere Toluen-Ring-^{14}C, nicht geeignet, da sich hauptsächlich höher alkylierte Verbindungen bilden und als Nebenreaktionen Um- und Dealkylierungen auftreten. So ist die vorzugsweise Bildung von Toluen nur durch Einsatz eines Benzenüberschusses mit geringer Ausbeute möglich.

In der Literatur (z. B. [2–4]) werden weiterhin konventionelle Syntheseverfahren beschrieben, bei denen der aromatische Kern aus geeigneten ^{14}C-Grundbausteinen gebildet wird. Diese Verfahren haben jedoch folgende Nachteile:

- geringe Aktivitätsausbeute bezogen auf die verfügbare ^{14}C-Ausgangsverbindung;
- aufwendige Mehrstufenprozesse;
- Die Notwendigkeit des mehrmaligen Umfüllens des aktiven Produktes erhöht das Risiko des Totalverlustes der teuren ^{14}C-Substanz;
- Die Synthesen sind ungeeignet für die Umsetzung in den Mikromol-Maßstab mit quasi-kontinuierlicher Prozeßführung.

2. Grundlagen

Ziel unserer Arbeit war es, ein Verfahren für die Herstellung von Toluen- und Xylen-Ring-^{14}C zu entwickeln, das eine hohe Aktivitätsausbeute bei quasi-kontinuierlicher Prozeßführung mit hoher Produktivität gewährleistet. Die zu wählende Technologie sollte zweckmäßigerweise ähnlich der bereits für die Präparation von Methylcyclopentan-^{14}C beschriebenen sein [5], d. h, es wird nach dem mikrokatalytischen Impulsverfahren in einer speziellen Verbundapparatur gearbeitet. Angeregt durch das bekannte und technisch bereits genutzte Verfahren der katalysierten Toluendisproportionierung zur Gewinnung von Benzen und Xylen [6] sowie die neueren Arbeiten zur Benzenalkylierung in der Gasphase an einem Festbettkatalysator (Übersicht in [7]) wurde versucht, durch Umkehrung der ersteren Reaktion, also durch die Synproportionierung von Benzen und Xylen, Toluen zu gewinnen.

Dazu sind umfangreiche Vorversuche mit Benzen-^{14}C-Dimethyl- oder Trimethylbenzen-Gemischen durchgeführt worden. Als Katalysator wählten wir das System $Na_2O-Mo_2O_3$/Mordenit, das sich schon für die Toluendisproportionierung als sehr geeignet erwiesen hatte. Ausgewählte Ergebnisse dieser Vorversuche enthält Tab. 1. Wie daraus ersichtlich ist, sollte die untersuchte Reaktion zur Herstellung von ^{14}C-kernmarkierten Methylbenzenen, insbesondere Toluen-Ring-^{14}C, prinzipiell geeignet sein. Aus den Ergebnissen läßt sich weiter ableiten, daß mit steigender Reaktionstemperatur die Toluenausbeute, aber auch die

[1]) Anschrift 7202 Böhlen

Tab. 1. Ausgewählte Ergebnisse der katalysierten Benzen-Methylbenzen-Synproportionierung
Parameter: Belastung: 2 v/vh
Gas: Produktverhältnis: 1000:1
Druck: 1,1 MPa
Einsatzprodukt: X = 46,2 Ma.-% Benzen-^{14}C + 53,8 Ma.-% p-Xylen
P_1 = 57,1 Ma.-% Benzen-^{14}C + 42,9 Ma.-% 1,2,4-Trimethylbenzen (TMB)
P_2 = 40,2 Ma.-% Benzen-^{14}C + 59,8 Ma.-% TMB

Produkt	X			X			P_1			P_2		
T in °C	420			450			450			450		
RPZ	Menge Ma.-%	*a* %	*A* %	Menge Ma.-%	*a* %	*A* %	Menge Ma.-%	*a* %	*A* %	Menge Ma.-%	*a* %	*A* %
C_6^--KW	7,9	1,5	—	10,1	2,5	—	5,7	2,7	—	7,3	3,0	—
Benzen	33,6	53,6	74	30,6	41,9	63	27,3	40,2	84	11,9	18,7	63
Toluen	36,3	33,5	50	40,1	41,4	57	41,0	40,6	67	35,5	42,7	57
Xylene	20,3	11,4	35	17,7	14,3	56	23,3	16,7	63	36,0	32,5	49
TMB	1,9	—	—	1,4	—	—	2,7	—	—	9,2	3,2	22

a — relative ^{14}C-Aktivität im Reaktionsprodukt, *A* — molare ^{14}C-Aktivität bezogen auf eingesetztes Benzen-^{14}C = 100%, RPZ-Reaktionsprodukt-Zusammensetzung

Spaltung des eingesetzten Benzen-^{14}C steigt. Die Änderungen in der molaren ^{14}C-Aktivität der Reaktionsprodukte deuten darauf hin, daß neben der gewünschten Umalkylierung, bei der das Di- oder Trimethylbenzen als Methylgruppendonator wirkt, in merklichem Umfang Dealkylierungen bis zum Benzen stattfinden. Die Ausbeute an gewünschtem Zielprodukt läßt sich in bestimmten Grenzen durch die Art und Konzentration dieses Methylgruppendonators beeinflussen. Da das Benzen-^{14}C in geringem Umfang zu leichten Kohlenwasserstoffen gespalten wird, ist nicht auszuschließen, daß über diesen Weg Kohlenstoff-14 in die Methylgruppen der gebildeten Alkylaromaten gelangt. Es war daher notwendig, die ^{14}C-Verteilung im Methylbenzenmolekül zu bestimmen. Dazu oxydiert man das aus dem Reaktionsgemisch abgetrennte Methylbenzen mittels Kaliumpermanganat [8] zur entsprechenden Benzencarbonsäure. Letztere wird decarboxyliert [9] und das sich bildende Kohlendioxid in alkoholischer Ethanolaminlösung absorbiert. Das gleichfalls entstehende Benzen friert man aus und bestimmt die ^{14}C-Aktivität beider Abbauprodukte des Methylbenzens mit einem Flüssigkeitsszintillationszähler (Tri-Carb, Modell 2111 von Packard Instruments). Die so gemessenen ^{14}C-Gehalte der Methylgruppen waren stets $\leqq 0,5\%$.

Zur Erfüllung der eingangs genannten Zielstellung war im weiteren die Reaktion in ein routinemäßig und sicher betreibbares Präparationsverfahren auf der Basis des mikrokatalytischen Impulsregimes mit gekoppelter gaschromatographischer Trennung der Reaktionsprodukte umzusetzen und entsprechend dem gewünschten Zielprodukt hinsichtlich Druck, Temperatur und Einsatzprodukt zu optimieren. Das Ergebnis dieser Arbeit soll nachfolgend am Beispiel der Herstellung von Toluen-Ring-^{14}C [10] näher beschrieben werden.

3. Präparationsverfahren für Toluen-Ring-^{14}C

3.1. *Apparatur und Parameter*

Die benutzte Apparatur wurde bereits früher beschrieben (vgl. Abb. 1 in [5]). Sie setzt sich aus folgenden Hauptfunktionsgruppen zusammen:

1. Dosiervorrichtungen, bestehend aus einem Gasdosierhahn mit als Kühlfalle ausgeführter Dosierschleife
2. Reaktor mit Katalysatorfüllung
3. Gaschromatograph mit Kühlfallen zum Trennen und Sammeln der Reaktionsprodukte.

Der eigentliche Reaktor und der Gaschromatograph sind on-line miteinander gekoppelt. Als Katalysator wird der bereits genannte Na_2O-, Mo_2O_3-modifizierte Mordenit verwendet. Die Kühlung der Dosierschleifen zur Zwischenkondensation der Produkte erfolgt mit flüssigem Stickstoff, die Heizung zum plötzlichen Verdampfen und damit Dosieren direkt durch Niederspannung.

Reaktionsbedingungen und Parameter der präparativ-gaschromatographischen Trennung:

Reaktionstemperatur:	450 °C
Reaktionsdruck:	0,4 MPa
Katalysatormenge:	1,0 g
H_2-Durchgang	4 l · h^{-1}
Einsatzprodukt pro Dosierung:	150 µl
Einsatzprodukt-Zusammensetzung:	45 Ma.% Benzen-^{14}C 55 Ma.% p-Xylen
Trennsäule:	3000 mm × 6 mm, gefüllt mit 15% Dinonylphthalat auf Porolith
Trennsäulentemperatur:	100 °C
H_2-Trägergas:	4 l · h^{-1}
Detektor:	Wärmeleitzelle

3.2. *Durchführung*

Vor Beginn der eigentlichen Reaktion ist der Katalysator wie folgt zu aktivieren und zu formieren:

- Trocknen bei 150 °C unter Helium-Durchgang,
- Aktivierung mit Wasserstoff bei 500 °C,
- Formierung mit 3 bis 5mal 150 µl inaktivem Einsatzgemisch.

Zur Überprüfung der Arbeitsweise des Katalysators und der Apparatur werden zuerst 150 µl Einsatzprodukt über die Dosiervorrichtung 4 (vgl. Abb. 1 in [5]) injiziert. Dabei stehen die Dosierhähne 5 und 10 auf Spülen, und die Schleife des Dosierhahnes 5 ist gekühlt. Der Eingang der

Dioserschleife wird vor der Position 4 geschlossen, und durch Anlegen von Feinvakuum am Dosierhahn 5 sowie durch Erhitzen des Dosierbereiches 4 mittels Heißluftdusche gelangt das Produkt in die Schleife des Dosierhahnes 5. Danach erfolgt die Probengabe in den Reaktor durch Heizen der gefüllten Schleife. Gleichzeitig muß die Kapillarleitung 9 beheizt und die Dosierhahnschleife 10 gekühlt werden. Nach ca. 30 min befindet sich das gesamte Reaktionsprodukt in der gekühlten Schleife des Dosierhanes 10 und kann nunmehr durch Aufheizen zur Trennung in den Gaschromatographen überführt werden.

Ist im Reaktionsprodukt die Konzentration an Toluen $\geqq$ 35 Ma.% und an Spaltkohlenwasserstoffen $\leqq$ 6 Ma.%, so erfolgt der Einbau der vorgekühlten, geöffneten Ampulle mit dem Benzen-^{14}C in der Position 4 und seine Überführung in der oben beschriebenen Weise in die Dosierhahnschleife 5. Anschließnd ist auf demselben Wege soviel inaktives Benzen und Xylen nachzufüllen, daß zur Dosierung in den Reaktor 150 µl Produkt der eingangs genannten Zusammensetzung zur Verfügung stehen. Die weitere Verfahrensweise ist analog zu der oben beschriebenen.

Die getrennten Komponenten des Reaktionsproduktes verlassen in der Reihenfolge Spaltkohlenwasserstoffe, Benzen-^{14}C, Toluen-^{14}C, Xylene-^{14}C und Trimethylbenzene den Gaschromatographen. Die Spaltkohlenwasserstoffe und die Trimethylbenzene leitet man in eine gemeinsame Sammelfalle, da sich ihre Aufarbeitung nicht lohnt. Das nicht umgesetzte Benzen-^{14}C und das Xylen-^{14}C werden nicht in Kühlfallen auskondensiert, sondern direckt über eine beheizte Kapillarleitung zum erneuten Einsatz (Recycling) in die gekühlte Schleife des Dosierhahnes 5 zurückgeleitet. Sind dort die Differenzmengen bis 150 µl im erforderlichen Verhältnis von Benzen zu Xylen in der bekannten Weise nachgefüllt, dann kann durch Dosieren in den Reaktor der erneute Reaktions-Trennzyklus eingeleitet werden. Dieses „Recycling" läßt sich so lange wiederholen, bis ein weiterer Einsatz der Rest-^{14}C-Aktivität nicht mehr lohnend ist. Bei einer Einsatzaktivität von 370 MBq sind das unter den vorliegenden Bedingungen 3 Zyklen. Es ergibt sich dabei durchschnittlich folgendes Ergebnis:

3.3. *Ausbeuten*

–	Massenausbeute an Toluen-Ring-^{14}C bezogen auf gebildetes Toluen	90 Ma. %
–	Aktivitätsausbeute bezogen auf eingesetztes Benzen-^{14}C für Toluen-^{14}C:	58%
–	Xylen-^{14}C:	7%
	Benzen-^{14}C	10%
–	Verluste an ^{14}C:	25%

Die radiochemische Reinheit des gewonnenen Toluen-Ring-^{14}C ist $\geqq$ 98% und der ^{14}C-Anteil in der Methylgruppe des Toluens $\leqq$ 0,5%.

Nach der hier für die Herstellung von Toluen-Ring-^{14}C beschriebenen Arbeitsweise läßt sich prinzipiell auch Xylen Ring-^{14}C gewinnen. Dazu wird zweckmäßig ein Benzen-^{14}C-Trimethylbenzen-Gemisch eingesetzt. Die gebildeten Xylenisomere scheidet man nach der gaschromatographischen Trennung erst gemeinsam ab und trennt sie danach an einer Benton/Di-n-decylphatalat-Säule präparativ in die drei Isomeren auf. Gleichfalls anfallendes Toluen-^{14}C wird wieder in den Prozeß zurückgeführt.

Eingegangen am 17. 12. 1980

Literatur

[1] *Ch. C. Price*, Organic Reactions III (1946) 1
[2] *F. Weygand, H. Simon*, Methoden der organischen Chemie Bd. IV/2 (Houben-Weyl), Georg Thieme Verlag, Stuttgart 1955, S. 547
[3] *M. Fields, M. A. Leaffer, S. Rothschild, J. Rohan*, J. Am. Chem. Soc. 74 (1952) 5498
[4] *M. D. Hughes, J. C. Reid*, J. Org. Chem. 14 (1949) 516
[5] *U. Kosakowsky, R. Russow*, Isotopenpraxis 16 (1980) 237
[6] *Ullmanns* Encyklopädie der technischen Chemie Bd. 8, Verlag Chemie, Weinheim/Bergstraße, 4 Auflage 1974, S. 402
[7] *J. Klein, H. Widdecke*, Chem.-Ing.-Techn. 51 (1979) 549
[8] Organikum, VEB Deutscher Verlag der Wissenschaften Berlin 1968, S. 332
[9] *H. Henecka, E. Ott*, Methoden der organischen Chemie Bd. VIII (Houben-Weyl) Georg Thieme Verlag, Stuttgart 1952, S. 486
[10] WP der DDR angemeldet, Aktenzeichen CO7B/222138

Elektrolytische Thoriumabscheidung für alpha-spektrometrische Analysen

W. Gruner, A. Beutmann, S. Lorenz

(Staatliches Amt für Atomsicherheit und Strahlenschutz der DDR, Außenstelle Lohmen)[1])

Die Eignung organischer Elektrolyselösungen für die elektrolytische Abscheidung von Thorium wurde geprüft. Äthanol, Äthanol-Aceton-Mischung und Aceton gestatten innerhalb von ca. 10 Minuten Elektrolysedauer die vollständige Abscheidung von Thorium in einem weiten Massebereich. Der Einfluß von Wasseranteilen auf die Abscheidegeschwindigkeit wurde untersucht. Die Auswahl der geeignetsten Elektrolyselösung erfolgte anhand der Reproduzierbarkeit der Homogenität abgeschiedener Schichten. Anwendungsbeispiele weisen sowohl auf die Eignung der Verfahren hin als auch auf Probleme, wie sie bei der Herstellung von Meßproben mit alpha-aktiven Substanzen geringer spezifischer Aktivität für die alpha-spektrometrische Auswertung zu berücksichtigen sind.

Keywords

alpha spectroscopy; electrodeposition; organic solvents; sample preparation; thorium; uranium

1. Einleitung

Alpha-spektrometrische Messungen mit energetischen Auflösungsvermögen von $\leqq$ 60 keV stellen an die Qualität der Meßpräparate hohe Anforderungen. Als relativ einfaches Verfahren zur Herstellung von Meßproben hat sich für Aktinide die elektrolytische Abscheidung bewährt.

Bisherige Untersuchungen zur Herstellung von thoriumhaltigen Präparaten sind sowohl mit anorganischen Elektrolytlösungen (NH_4Cl, NH_4ClO_4, HCl, $H_2SO_4-NH_4COOH$) [1–4] als auch mit organischen Lösungen wie Isopropanol, Äthanol und Aceton [5–7] durchgeführt worden.

Eigene Arbeiten [8, 9] zur elektrolytischen Abscheidung von Uran und Plutonium aus Isopropanol, Äthanol, Methanol sowie Aceton zeigten die vorteilhafte Verwendung der organischen Elektrolyselösungen, wobei vor allem in Äthanol mit definiertem Wasseranteil kurze Elektrolysezeiten und ausreichende Homogenität der abgeschiedenen Schichten erreicht wurden.

In der vorliegenden Arbeit werden unsere Ergebnisse der Präparation von Thorium-Meßproben unter Verwendung von Äthanol und Aceton als Elektrolyselösungen vorgestellt. Die Qualität der Meßpräparate, gemessen am Energieauflösungsvermögen und an der Reproduzierbarkeit der Abscheidung, wird bei unterschiedlichen Flächenmassen und an Thorium-Uran-Mischproben mit verschiedenen Uranisotopengehalten diskutiert.

2. Experimentelle Voraussetzungen

Der Aufbau der Elektrolysezelle entspricht dem in [8] beschriebenen. Die Kathode aus nichtrostendem Stahl war elektropoliert und wies eine Oberfläche von ca. 4 cm² auf.

Als Elektrolyselösungen kamen zum Einsatz:
Äthanol (absolut), p. a.; Äthanol (96%ig), p. a.; Aceton (Wassergehalt 0,5 Vol.-%), p. a. sowie eine Mischung von 96%igem Äthanol mit 15 Vol.-% Acetonanteil.

Mit Wasserzugaben bis 700 µl auf 6 ml organische Lösung wurde der Wassergehalt bis 12 Vol.-% variiert.

Die Thorium-232-Lösung wurde in 20–200 µl-Portionen zugesetzt, wodurch sich Flächenmassen von 25–250 µg Th/cm² ergaben. Ausgangssubstanzen waren $Th(NO_3)_4 \cdot 4\,H_2O$ und $ThCl_4 \cdot 8\,H_2O$, beide p. a.

Für Thorium-Uran-Mischungen wurden folgende Lösungen verwendet:

92 µg Thorium / 76 µg Uran (0,35% U-235) pro 100 µl,
172 µg Thorium / 80 µg Uran (90% U-235) pro 100 µl.

Die Elektrolysespannung wurde wie in den vorangegangenen Arbeiten im Bereich von 150–600 V variiert.

Zur Ermittlung des Abscheidegrades wurden die Thorium Meßproben mit einer ZnS(Ag)-Meßsonde ausgemessen und parallel dazu der verbleibende Thoriumgehalt in der Elektrolyselösung mittels α-LSC unter Verwendung von INSTA-Gel verfolgt.

Die Messung der Alpha-Spektren erfolgte mit einem Si-Oberflächensperrschichtdetektor (Fa. ORTEC, 150 mm²) in einer Vakuumkammer (0,1 Pa). Das Verstärker- und Analysiersystem bestand aus einem ladungsempfindlichen Vorverstärker, einem linearen Hauptverstärker und einem 1-K-Vielkanalanalysator. Die Energieauflösung des Systems wurde mit einem ^{239}Pu-Präparat, hergestellt nach [9], zu 25 keV Halbwertspeakbreite (5,155 MeV) bestimmt.

3. Abscheideverhalten von Thorium in Äthanol und Aceton

Von den Erfahrungen bei der Uran- und Plutoniumabscheidung [8, 9] ausgehend, wurde Äthanol als Elektrolyselösung eingesetzt und der Einfluß verschiedener Wassergehalte auf die Präparationsbedingungen für Thorium-Meßproben untersucht.

Im Falle der Thoriumabscheidung konnte jedoch keine Erhöhung der Abscheidegeschwindigkeit mit zunehmendem Wassergehalt beobachtet werden, sondern es tritt eine Verringerung des Abscheidegrades auf (Abb. 1). Mit 96%igem Äthanol ergibt sich nach 10 Minuten Elektrolysedauer eine nahezu vollständige Abscheidung (Abb. 2). Die erreichte visuelle Homogenität war nicht befriedigend — vor allem bei Flächenmassen < 200 µg Th/cm² hatte die Oberfläche der Meßprobe ein fleckiges Aussehen. Die weißgraue abgeschiedene Schicht war leicht abwischbar. Derartige elektrolytisch aus Äthanol erhaltene Schichten sollen [10] aus Thoriumoxidhydrat mit eingeschlossenen Lö-

[1]) Anschrift: 8354 Lohmen-Herrenleite

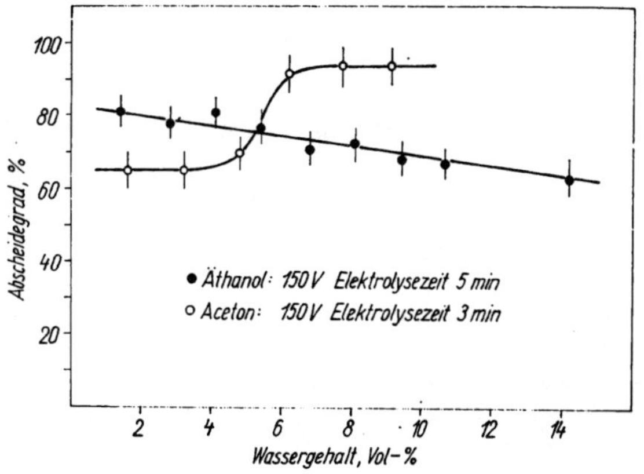

Abb. 1. Abscheidegrad für Thorium in Äthanol und Aceton in Abhängigkeit vom prozentualen Wassergehalt der Lösung

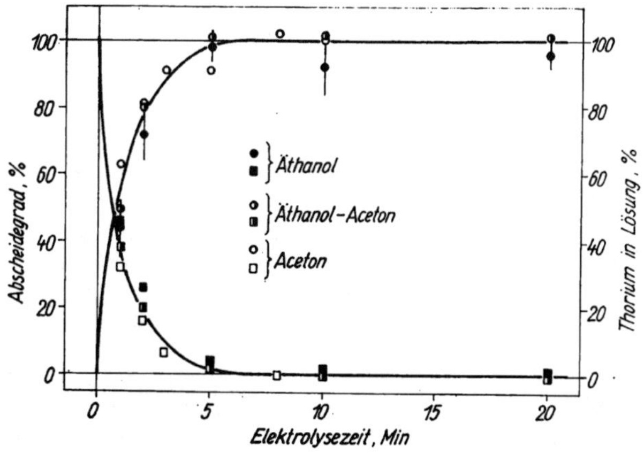

Abb. 2. Abscheidegrad für Thorium in Äthanol, Aceton und Äthanol-Aceton-Mischung in Abhängigkeit von der Elektrolysezeit

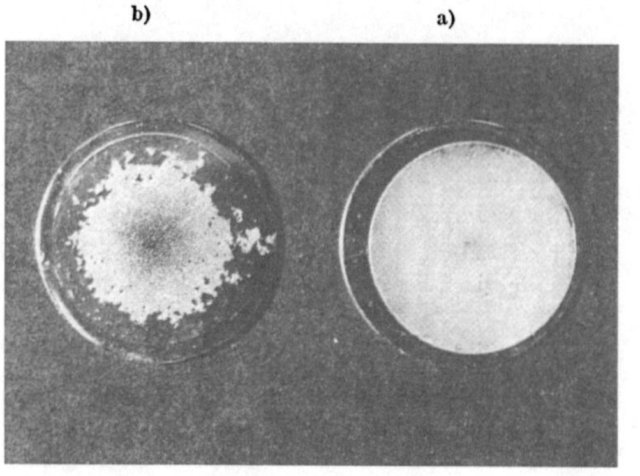

Abb. 3. a) Thoriumpräparat (80 μg/cm²) b) hergestellt durch Elektrolyse aus a) Aceton b) Äthanol

sungsbestandteilen bestehen. Den Vorstellungen vom Chemismus der elektrolytischen Abscheidung aus organischen Lösungen mit geringen Wassergehalten folgend, könnte durch die Erhöhung der OH^--Ionenkonzentration an der Kathode Thoriumhydroxid, welches ein sehr geringes Löslichkeitsprodukt von $10^{-42} \dots 10^{-39}$ [11] aufweist, gebildet werden.

Da Aceton-Zusätze von 10–20 Vol.-% die Abscheidung verbessern sollen [10], wurde von uns das Abscheidegrad-Zeit-Verhalten mit einer solchen Mischung untersucht (s. Abb. 2). Im Vergleich zu Äthanol ergaben sich, auch bezüglich der Homogenität, keine wesentlichen Änderungen.

Frühere Versuche von *Parker* u. a. [6] hatten ergeben, daß von den getesteten Elektrolyselösungen Äthanol, Isopropanol und Aceton, allerdings alle mit nur ca. 0,2 Vol.-%Wassergehalt, Aceton die besten Ergebnisse hinsichtlich Thorium-Abscheidegeschwindigkeit liefert. Unsere Ergebnisse mit Plutonium, abgeschieden aus Aceton, ließen erkennen, daß ein erhöhter Wasseranteil vorteilhaft die Abscheidegeschwindigkeit beeinflussen kann [9]. Wie Abb. 1 zeigt, tritt ein solcher Effekt auch bei der Abscheidung des Thoriums auf. Die erzielte Qualität der Meßproben entspricht den Forderungen gleichmäßiger und reproduzierbarer Homogenität (s. Abb. 3).

In Aceton mit ca. 7 Vol.-% Wassergehalt ist eine hundertprozentige Abscheidung nach 8 Minuten erreicht (Abb. 2).

Der Elektrolysestrom mußte auf maximal 25 mA begrenzt werden, da höhere Ströme eine zu starke Erwärmung und, bei Aceton besonders kritisch, eine sehr rasche Verdunstung verursachten. In Abhängigkeit vom Thoriumgehalt in der Elektrolyselösung stellten sich hierbei Spannungen von 150–600 V ein.

Die Methode der elektrolytischen Herstellung von Thorium-Meßproben läßt sich mit hundertprozentiger Abscheidung bei verschieden großen Thoriummengen anwenden (Abb. 4). Zur gleichen Aussage gelangt man auch für die Uranabscheidung, was in Anbetracht der Anwendungsbeispiele mit Thorium-Uran-Gemischen von Interesse ist.

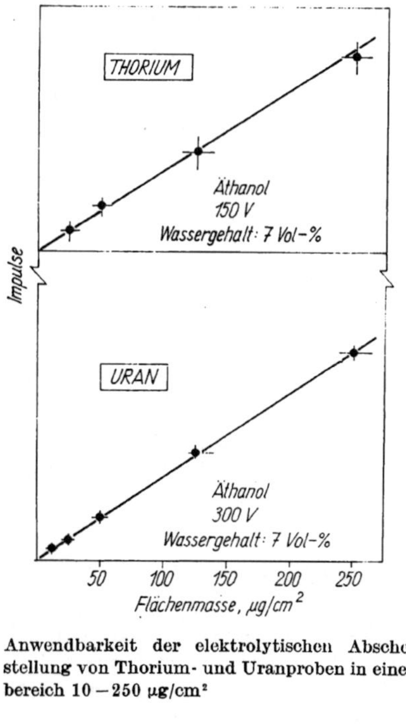

Abb. 4. Anwendbarkeit der elektrolytischen Abscheidung zur Herstellung von Thorium- und Uranproben in einem Flächenmassebereich 10–250 μg/cm²

4. Alpha-Spektren von thoriumhaltigen Meßproben

Die Aussagefähigkeit der Alpha-Spektren hinsichtlich Isotopenzusammensetzung und -häufigkeit ist vom energetischen Auflösungsvermögen wie auch von der registrierten Impulszahl abhängig. Bei Proben mit geringer spezifischer Aktivität (z. B. Naturthorium oder -uran) muß ein Kompromiß zwischen Flächenmasse, Meßzeit und Meßgeometrie sowie dem energetischen Auflösungsvermögen

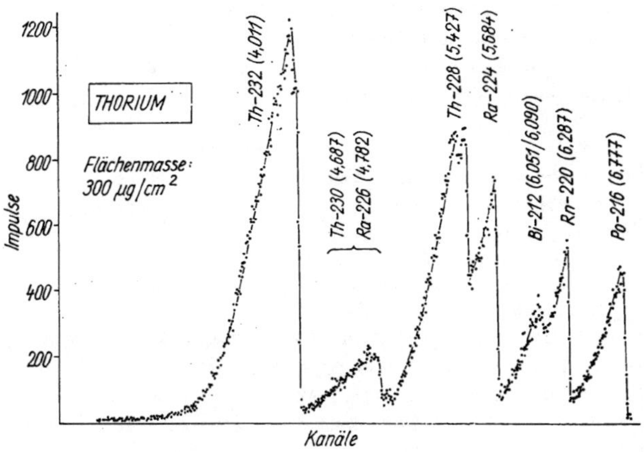

Abb. 5. Alphaspektrum von naturlichem Thorium bei einer Flächenmasse von 300 μg/cm²

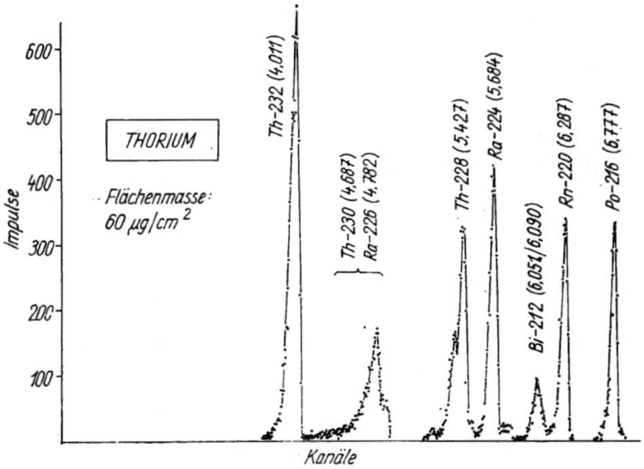

Abb. 6. Alphaspektrum von natürlichem Thorium bei einer Flächenmasse von 60 μg/cm²

getroffen werden. Während bei einer Alpha-Impulszählung der Einfluß der Flächenmasse auf die Selbstabsorption durch einen Korrekturfaktor berücksichtigt werden kann [12], ist eine alpha-spektrometrische Analyse von Meßproben mit großer Flächenmasse oder schlechter Qualität (Inhomogenität o. ä.), wenn überhaupt, nur mit erhöhtem mathematischen Aufwand möglich [13, 14].

Abb. 5 und 6 zeigen Alpha-Spektren von Thorium-Meßproben, wobei der Einfluß der Flächenmasse auf das Energieauflösungsvermögen deutlich wird. „Dicke" Proben, bei denen durch Selbstabsorption Halbwertspeakbreiten von > 400 keV (^{232}Th) verursacht werden (Abb. 5), sind nicht für alphaspektrometrische Gemischanalysen geeignet. Auch Flächenmassen $\leqq 100$ μg/cm² (s. Abb. 6) wirken sich noch mit Beiträgen von $\leqq 60$ keV auf das Energieauflösungsvermögen aus, sind aber für alphaspektrometrische Aussagen, qualitativ und quantitativ, einsetzbar.

Als Anwendungsbeispiele sind Thorium-Uran-Mischproben gewählt worden, deren Spektren in Abb. 7 und 8 dargestellt sind.

Die Spektren erlauben die Analyse des ^{232}Th bzw. der Uranisotope ^{234}U, ^{235}U, ^{236}U und ^{238}U. Die Energieauflösung von $\leqq 88$ keV (Th-232) wurde mit Proben, deren Flächenmasse ca. 100 μg/cm² betrug, erreicht (Abb. 7). Eine Verringerung der Flächenmasse auf ca. 80 μg/cm² bei gleichzeitigem Einsatz einer Streublende verbessert zwar die Energieauflösung von 88 keV auf 39 keV, verringert jedoch die Impulsrate bei gleicher Meßzeit auf ein Viertel (Abb. 8). Die Analyse von Meßproben obiger Art mit noch kleineren Flächenmassen ($\leqq 10$ μg/cm²) bei ähnlichen Meßzeiten kann durch Veränderung der Meßgeometrie erfolgen.

Unter unseren Bedingungen sind die Uranisotope ^{238}U bei Proben mit hohem ^{235}U-Anreicherungsgrad bzw. ^{235}U bei natürlichen oder abgereicherten Uranproben nur mit langen Meßzeiten (~ 100 Stunden) statistisch signifikant zu bestimmen.

Praktische Anwendungsfälle für eine Analyse von Thorium-Uran-Mischproben mittels Alpha-Spektrometrie liegen z. B. auf den Gebieten Umgebungs- und Personenüberwachung [15, 16], Prozeßlösungskontrolle des Thoriumbrutreaktors [17, 18] oder Erzbergbau [19].

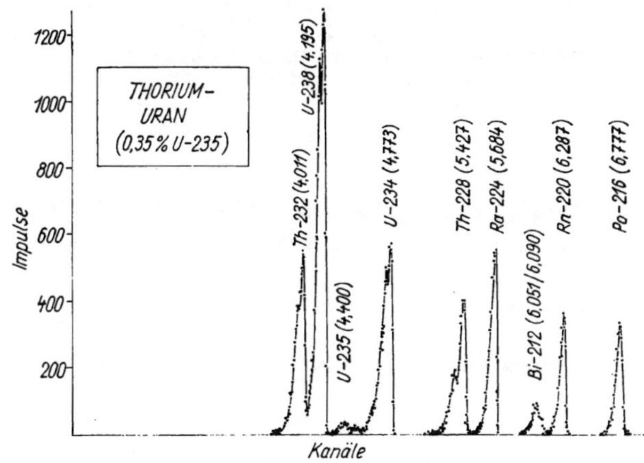

Abb. 7. Alphaspektrum eines Thorium-Uran-Gemisches mit abgereichertem Uran

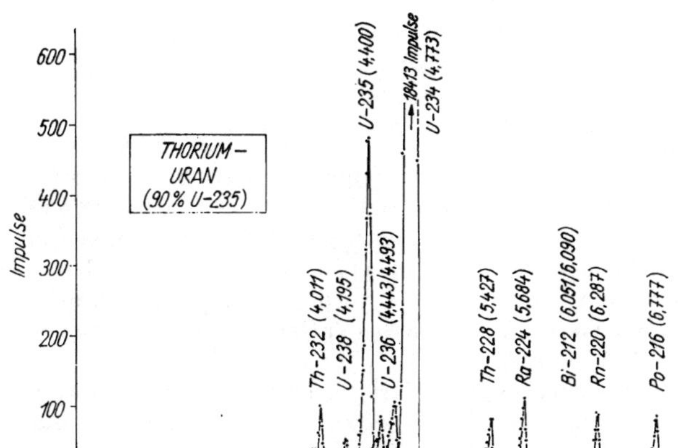

Abb. 8. Alphaspektrum eines Thorium-Uran-Gemisches mit hochangereichertem Uran

5. Zusammenfassung

Thorium-Meßproben für die Alpha-Spektrometrie lassen sich durch das Verfahren der elektrolytischen Abscheidung aus Äthanol und Aceton herstellen. Innerhalb von ca. 10 Minuten Elektrolysezeit ist die vollständige Abscheidung erreicht. Während definierte Wasserzusätze zu Äthanol die Abscheidegeschwindigkeit verringern, kann in Aceton eine

Steigerung des Abscheidegrades bei gleicher Elektrolysezeit erreicht werden.

Vorteilhaft für die Herstellung von Thorium-Meßpräparaten ist Aceton als Elektrolyselösung. Die hierbei erreichbare Reproduzierbarkeit homogener Schichten ist besser als in Äthanol.

Die elektrolytische Abscheidung aus organischer Lösung ist über einen großen Massebereich des abzuscheidenden Thoriums, ebenso wie bei Uran, anwendbar.

Die Auswertung der Alpha-Spektren von Thorium- oder Thorium-Uran-Mischungen zeigt die ausreichende Qualität der hergestellten Meßpräparate.

Eingegangen am 27. 10. 1980
Überarbeitete Fassung am 3. 12. 1980

Literatur

[1] *U. Wenzel, D. Herz*, J. Radioanal. Chem. **21** (1974) 473
[2] *N. A. Talvitie*, Anal. Chem. **44** (1972) 280
[3] *R. F. Mitchell*, Anal. Chem. **32** (1960) 326
[4] *R. Ko*, Nucleonics **15** (1957) 74
[5] *D. C. Aumann, G. Muellen*, Nucl. Inst. Methods **115** (1974) 75
[6] *W. Parker, H. Bildstein, N. Getoff*, Nucl. Instr. Methods **26** (1964) 55
[7] *W. Parker, H. Bildstein, N. Getoff*, Nature **200** (1963) 457
[8] *W. Gruner, A. Beutemann*, Isotopenpraxis **14** (1978) 421
[9] *W. Gruner, A. Beutmann*, J. Radioanal. Chem. **58** (1980) 113
[10] Gmelins Handbuch, „Thorium und Isotope" System-Nr. 44, Verl. Chemie, Berlin 1955, S. 179–180
[11] *D. I. Ryabchikov, E. Gol'braikh*, „Analytical Chemistry of Thorium" zit. in [18]
[12] *M. Raghavayya, G. Jha, P. M. Markose*, Health Phys. **29** (1975) 782
[13] *S. K. Aggarwal, W. C. Jain*, BARC-824 (1975)
[14] *W. Litzow*, Diss. TU Aachen, 1968
[15] *C. W. Sill, R. L. Williams*, Anal. Chem. **41** (1969) 1624
[16] *N. P. Singh, S. A. Ibrahim, N. Cohen, E. McDonald Wrenn*, Anal. Chem. **51** (1979) 1978
[17] *E. Merz, H. Kirchner*, Nukleonik 8 (1966) 241
[18] *T. Hashimoto, T. Imai*, Radiochim. Acta **21** (1974) 69
[19] *C. W. Sill*, Anal. Chem. **49** (1977) 618

Polarographische und voltametrische Untersuchungen von Uran und Neptunium im Acetatpuffermedium

U. Niese

(Akademie der Wissenschaften der DDR, Zentralinstitut für Kernforschung Rossendorf)[1])

Durch polarographische und voltametrische Untersuchungen konnte eine Wechselwirkung von UO_2^{2+} und Np^{4+} im Acetatpuffermedium festgestellt werden. Als Ursache wird eine Komplexbildung zwischen den Ionen im Konzentrationsverhältnis von $C_{UO_2^{2+}}:C_{Np^{4+}} = 2:1$ angegeben.

Keywords

acetates; buffers; complexes; neptunium; polarography; uranium; voltametry

1. Einleitung

Für die Analyse des Neptuniums, sowohl der Mengen- als auch der Wertigkeitsbestimmung in Gegenwart anderer Elemente, insbesondere des Urans, werden elektrochemische und spektralphotometrische Methoden, meist im komplexbildenden Medium, angewendet. Durch die Komplexbildung verschieben sich die Oxydationspotentiale, und die relativen Stabilitäten der Oxydationsstufen können beeinflußt werden [1–3].

In vorhergehenden polarographischen Untersuchungen stellten wir eine Wechselwirkung von Uranylionen mit Ionen des vierwertigen Neptuniums im Acetatpuffermedium fest [4]. Es zeigte sich, daß der Diffusionsgrenzstrom des Np^{4+} in Anwesenheit von UO_2^{2+} erhöht wurde und daß von einem bestimmten Konzentrationsverhältnis ab, nämlich $UO_2^{2+}:Np^{4+}$ von größer als 10^{-3} Mol/l:$5 \cdot 10^{-4}$ Mol/l ($C_{UO_2^{2+}}: C_{Np^{4+}} = 2:1$), keine Erhöhung des Diffusionsgrenzstromes auftrat.

Es wurden sowohl polarographische als auch voltametritche Untersuchungen durchgeführt, um weitere experimenselle Ergebnisse zu diesem Problem zu erhalten.

2. Experimentelles

Für die polarographischen Untersuchungen verwendeten wir den Universalpolarographen der Firma Radelkis OH-105 in Verbindung mit einer Meßzelle, die eine Dreielektrodenanordnung besaß. Die verwendeten Tropfelektroden hatten Ausflußgeschwindigkeiten von 5,7 mg $\cdot$ s^{-1} und 3,6 mg $\cdot$ s^{-1} mit Tropfzeiten von $t = 2{,}05$ s und $t = 3{,}12$ s. Eine gesättigte Kalomelelektrode (SCE) war als Bezugselektrode über eine Agar-KCl Brücke mit der Meßlösung verbunden, und Bodenquecksilber diente als Gegenelektrode. Die Zelle war thermostatisierbar, wobei wir bei einer Temperatur von 298 K $\pm$ 0,2 K arbeiteten. Über Chrom(II)-chlorid gereinigter Reinststickstoff wurde als Inertgas verwendet.

Die zyclische Voltametrie wurde mit der gleichen Zellenanordnung und mit einer hängenden Tropfelektrode durchgeführt. Die Konstruktion dieser Elektrode ist in Abb. 1 skizziert. Wir verwendeten eine handelsübliche Mikrometerschraube, die mit einem KPG-Glasrohr (Kapillar-Präzisionsglas) verbunden war. An dieses Rohr wurde ein Glaskapillarrohr angeschmolzen, dessen Innendurchmesser 0,25 mm betrug. Zur Aufnahme der voltmetrischen Strom-Potential-Kurven diente ein elektronischer Potentiostat in Verbindung mit einem Dreieckspannungsgenerator (Eigenbau ZfK Rossendorf). Als Registriergerät benutzten wir einen x–y-Schreiber vom Meßapparatewerk Schlotheim.

[1]) Anschrift: 8051 Dresden, PSF 19

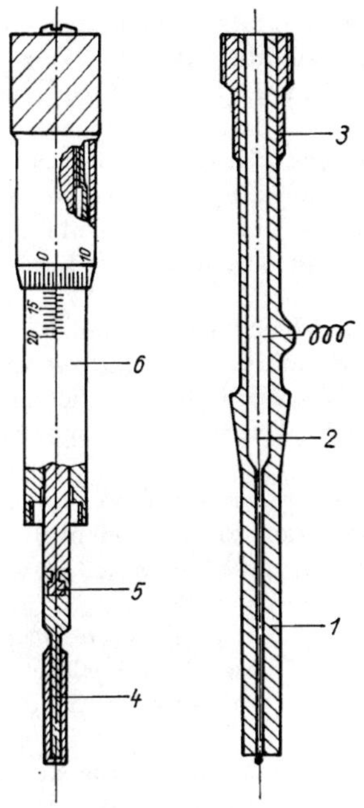

Abb. 1. Hängende Tropfelektrode (HMDE)
1 – Glaskapillare 0,25 mm 2 – Quecksilbervorrat 3 – Metallrohr
4 – Kolben der Mikrometerschraube 5 – bewegliche Verbindung
6 – Mikrometerschraube

Die Oberfläche des hängenden Tropfens betrug 0,042 cm^2 und das Gewicht 0,014 mg.

Alle Lösungen wurden aus p.a.-Chemikalien hergestellt. Bei der Herstellung der Uranvorratslösung gingen wir von Uranmetall (NBS 960) aus. Sie hatte eine Konzentration von 10^{-1} Mol/l. Die Neptuniumlösung erhielten wir durch Auflösen von NpO_2 (Technocommerz, UdSSR) in einem Gemisch von HCl und HNO_3. Die Lösung wurde eingedampft und anschließend mit 0,5 N $HClO_4$ aufgenommen. Durch Reduktion bei −150 mV/SCE an der Pt-Elektrode entstand Np(III), das schon an der Luft zum gelbgrünen Np(IV) oxydiert wurde. Die Konzentration der Vorratslösung war $2{,}56 \cdot 10^{-4}$ Mol/l. Die Charakterisierung der gebildeten vierwertigen Oxydationsstufe sowie des Acetatkomplexes erfolgte spektralphotometrisch. Die *p*H-Messungen wurden mit einer planen Glaselektrode FI Meinsberg Typ GA 60 ausgeführt.

3. Ergebnisse und Diskussion

3.1. Uran(VI)

Das elektrochemische Verhalten von UO_2^{2+} ist durch zwei katodische polarographische Stufen bzw. durch zwei voltametrische Peaks (katodische als auch anodische) gekennzeichnet [5–7]. Sie werden als zwei Reaktionen diskutiert:

1. Stufe $UO_2^+ + e^- \rightleftharpoons UO_2^+$ (reversibel) (1)

2. Stufe $UO_2^+ + 2e^- + 4\,H^+ \rightleftharpoons U^{3+} + 2\,H_2O$ (2)

Die zweite Stufe stellt eine Überlagerung zweier Teilreaktionen dar. Die eine der Teilreaktionen ist der Reduktion des 5wertigen Urans zum 4wertigen und die zweite ist der Reduktion des 4wertigen zum 3wertigen Uran zuzuschreiben. Die beiden Teilstufen der zweiten Stufe weisen eine starke *p*H-Abhängigkeit auf [8] und erscheinen im Acetatpuffermedium stets nur sehr schlecht ausgebildet. Diese zweite Stufe wird schon vom Strom der Reaktion

$$2\,H^+ + 2\,e^- \rightarrow H_2 \quad (3)$$

überlagert.

Die voltametrische Kurve für Uran(VI) in Abb. 2 zeigt in Übereinstimmung mit der Literatur zwei Peaks mit jeweils einem katodischen und einem anodischen Teil. Der erste Peak ist gut ausgebildet und entspricht dem nahezu reversiblen Übergang von Uran(VI) zu Uran(V) im Acetatpuffermedium. Der zweite Peak besitzt nur eine Andeutung eines katodischen und eines anodischen Teils. Die Ursache dafür ist in einer Disproportionierungsreaktion zu sehen [5], die bei der elektrochemischen Reduktion des Uran(VI) eine erhebliche Rolle spielt. Aus zwei Atomen des elektrochemisch gebildeten Uran(V) entsteht ein Atom Uran(IV) und ein Atom Uran(VI). Als Endstufe der Reduktion von Uran(VI) im Acetatpuffermedium bildet sich Uran(IV), und nur zu einem verschwindend geringen Anteil entsteht Uran(III).

Für die elektroanalytische Bestimmung des Urans wird immer die erste Stufe bzw. der erste Peak ausgenutzt [9, 10].

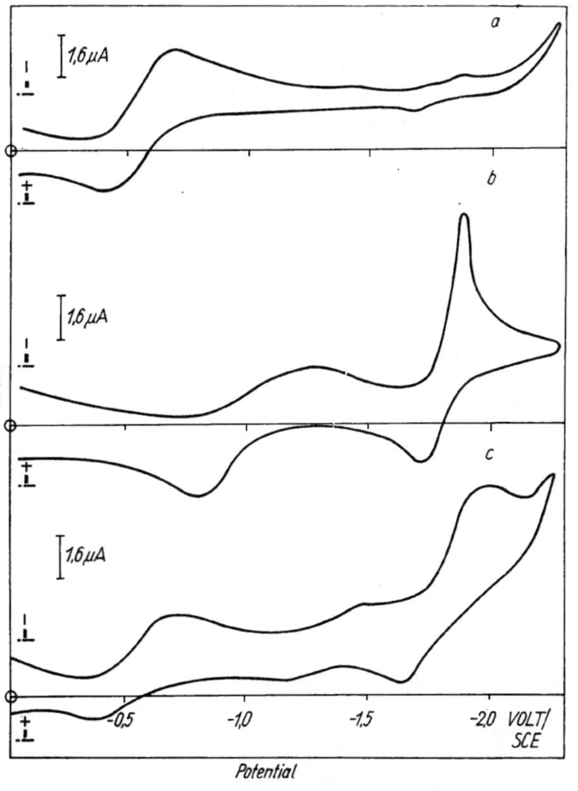

Abb. 2. Voltametrische Kurven
a) U(VI)10^{-3} Mol/l b) Np(IV) $5 \cdot 10^{-4}$ Mol/l c) U(VI) 10^{-3} Mol/l + + Np(IV) $5 \cdot 10^{-4}$ Mol/l scan: 65 mV/s, ac = 0,5, *p*H = 4,6

3.2. Neptunium(IV)

Das elektrochemische Verhalten von Np^{4+} im Acetatpuffermedium entspricht einem reversiblen Übergang nach folgender Gleichung:

$$Np^{4+} + e^- \rightleftharpoons Np^{3+} \quad (4)$$

Die voltametrische Kurve (Abb. 2) für Np^{4+} weist insgesamt zwei Peaks auf, mit jeweils einem anodischen und einem katodischen Teil. Der erste Peak ist dem Übergang Np(IV/III) zuzuordnen, während der zweite Peak, der schon im stark negativen Potentialbereich liegt, dem Übergang Np(III/O) (Hg) zugeordnet werden kann.

Letztere Schlußfolgerung ergibt sich aus den Arbeiten von *A. M. Fedoseev* und *W. F. Peretruchin* [11, 12], die das elektrochemische Verhalten von Np(IV) in Dimethylsulfoxid und Acetonitril untersuchten und eine Reduktion des Np(IV) bis zum Np(O) (Hg) fanden.

Für die elektroanalytische Bestimmung des Neptuniums wird der Np(IV)/Np(III)-Übergang [13] sowohl im perchlorsauren und salzsauren [14] als auch im schwefelsauren Medium [15] ausgenutzt. Die Voltametrie wird von *S. Casadio* und *F. Orlandini* für das salpetersaure Medium beschrieben [16].

In allen genannten Medien verhält sich das Paar Np(IV/III) reversibel.

3.3. *Uran und Neptunium*

Die von uns [4] gefundene Beeinflussung der Np(IV)-Stufe durch anwesendes Uran wurde weiter durch polarographische Messungen über die Abhängigkeit des Halbwellenpotentials von der Acetationenkonzentration untersucht. Das Ergebnis ist in Abb. 3 dargestellt. Es ist zu erkennen, daß die Abhängigkeit des Halbwellenpotentials von der Acetationenkonzentration für die Neptunium-Stufe im Gemisch weitaus geringer ist als für Neptunium allein. Dieses Ergebnis läßt auf die Bildung eines Komplexes von Uran und Neptunium mit einem geringen Gehalt an Acetationen schließen. Aus diesen Untersuchungen konnten jedoch wegen der Irreversibilität des Systems keine Gleichgewichtskonstanten und Ligandenzahlen ermittelt werden.

Auch die Abhängigkeit des Halbwellenpotentials vom Konzentrationsverhältnis $C_{UO_2^{2+}}:C_{Np^{4+}}$, die in Abb. 4 dargestellt ist, läßt den Schluß auf eine Komplexbildung zwischen Uran und Neptunium zu. Die Kurve weist ein deutliches Minimum auf.

In Tab. 1 sind die polarographischen Daten für Uran, Neptunium sowie für das Gemisch Uran und Neptunium zusammengefaßt und mit Literaturdaten verglichen. Daraus geht eine befriedigende Übereinstimmung mit den Literaturdaten hervor.

Die Erhöhung der Diffusionsstromkonstante für Neptunium in Anwesenheit von Uran erreicht einen Maximalwert bei einem Konzentrationsverhältnis von $C_{UO_2^{2+}}:C_{Np^{4+}} = 2:1$. Sie beträgt: $I_{(Np^{4+}+UO^{2+})} = 5{,}03\ I_{dNp^{4+}}$.

Die voltametrische Kurve für das Gemisch Uran und Neptunium in Abb. 2 zeigt, daß sowohl die Peakpotentiale als auch die Peakhöhen für das Neptunium in Anwesenheit von Uran verändert sind.

Eine Abhängigkeit des Peakpotentials für die Reduktion von Np^{4+} zu Np^{3+} von dem Konzentrationsverhältnis Uran zu Neptunium ist in Abb. 5 dargestellt. Bei einem Konzentrationsverhältnis von $C_{UO_2^{2+}}:C_{Np^{4+}} = 2:1$ erhält die Kurve einen anderen Verlauf als bei einem niedrigeren Verhältnis.

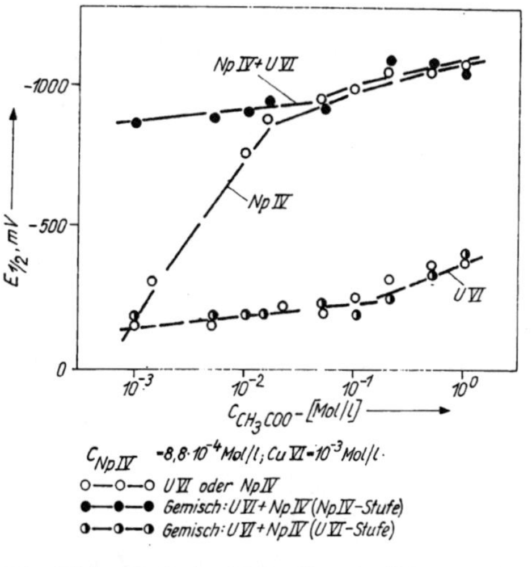

Abb. 3. Die Abhängigkeit des Halbwellenpotentials von der Acetationenkonzentration

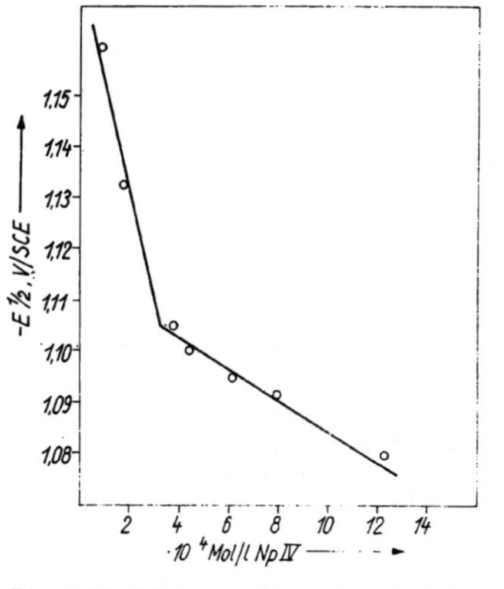

Abb. 4. Die Abhängigkeit des Halbwellenpotentials vom Konzentrationsverhältnis $C_{UO_2^{2+}}/C_{Np^{4+}}$

Tab. 1. Charakteristische polarographische Daten einiger Depolarisatoren (mV/SCE)

Depolarisator	Medium	ΔE/mV / $\log \frac{i}{i_D - i}$	$E_{1/2}$/mV	$\frac{I_d/\mu A}{mMol \cdot mg \cdot s}$ [Lit.]
Np(IV/III)	0,5 N $HClO_4$	65	−137	1,39
Np(IV/III)	0,5 N CH_3COO^-	42	−1085	1,24
Np(IV/III) + 10^{-4} Mol/l U(VI)	0,5 N CH_3COO^-		−1085	1,67
Np(IV/III) + $5 \cdot 10^{-4}$ Mol/l U(VI)	0,5 N CH_3COO^-		−1090	1,72
Np(IV/III) + 10^{-3} Mol/l U(VI)	0,5 N CH_3COO^-		−1150	6,24
U(VI/V)	0,5 N CH_3COO^-	73	−402	6,01
Pu(IV/III)	0,2 N CH_3COO^-			1,20 [19]
Np(IV/III)	1,0 N $HClO_4$			1,45 [14]
Pu(IV/III)	1,0 N $HClO_4$			1,47 [14]
U(VI/V)	0,1 N $HClO_4$			1,57 [5]

Tab. 2. Charakteristische Parameter für die Voltametrie (scan = 65 mV/s; mV/SCE)

Depolarisator	Ep^c/mV katodisch	Ep^a/mV anodisch	$Ep^c - Ep^a$	ip^c	ip^a
			mV	µA/mMol	µA/mMol
$5 \cdot 10^{-4}$ Mol/l Np(IV/III)	−1230	−770	460	2,2	2,6
10^{-3} Mol/l U(IV/V)	−610	−420	190	4,8	2,9
Np(IV/III) + U(VI/V)	U-				
	Peak −600	−400	200	3,4	0,9
$5 \cdot 10^{-4}$ Mol/l + 10^{-3} Mol/l	Np-				
	Peak −1570	−1150	420	2,1	1,0

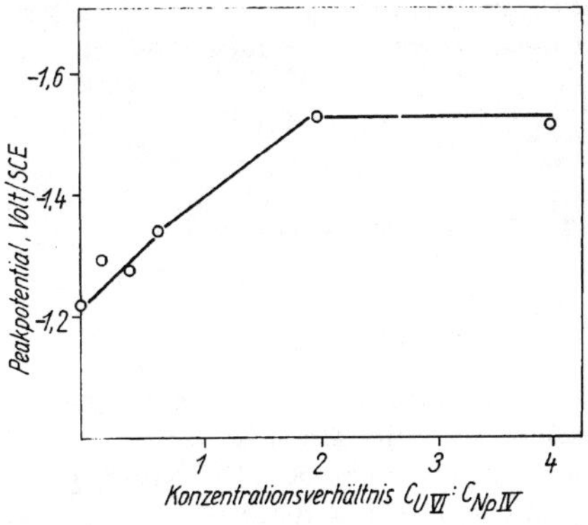

Abb. 5. Die Abhängigkeit des Peakpotentials für die Reduktion Np^{4+} zu Np^{3+} vom Konzentrationsverhältnis $C_{UO_2^{2+}}/C_{Np^{4+}}$

In Tab. 2 sind charakteristische Parameter für die Voltametrie für Np^{4+} und UO^{2+} und das Gemisch zusammengefaßt.

Diese Untersuchungen bestätigen das Ergebnis über die Wechselwirkung von UO^{2+} und Np^{4+} im Acetatpuffermedium. Als Ursache für die Wechselwirkung kann eine Komplexbildung zwischen den beiden Ionen angesehen werden, die bei einem Konzentrationsverhältnis von $C_{UO_2^{2+}} : C_{Np^{4+}} = 2:1$ wahrscheinlich ist.

Von *J. C. Sullivan* et al. [17] wurde die Komplexbildung für NpO_2^+ und UO_2^{++} bei einem Konzentrationsverhältnis von $C_{UO_2^{++}} : C_{NpO_2^+} = 1:1$ sogar im perchlorsauren Medium gefunden.

W. J. Wasiliw et al. [18] erhielten gleiche Ergebnisse im salpetersauren Medium.

Eingegangen am 10. 12. 1980

Literatur

[1] *J. W. C. Milner, J. Phillips* in *H. W. Nürnberg*, „Advances in Analytical Chemistry" London 1974

[2] *C. Keller*, "The Chemistry of the Transuranium Elements", Verlag Chemie, Weinheim 1971

[3] *W. Gruner*, Isotopenpraxis **14** (1978) 317

[4] *U. Niese, S. Trebeljahr, G. Geipel, D. Nebel*, Isotopenpraxis **14** (1978) 128

[5] *W. E. Harris, J. M. Kolthoff*, J. Am. Chem. Soc. **67** (1945) 1484

[6] *J. M. Kolthoff, J. Cohn*, Anal. Chem. **14** (1942) 412

[7] *R. Sh. Enikeev, S. J. Chan, M. T. Koslovski*, Uspechi Chimii (1973) 26

[8] *L. Sipos, L. J. Jetic, M. Branica*, J. Electroanalyt. Chem. **32** (1971) 35

[9] *F. V. Sturm*, Z. anal. Chem. **166** (1959), 100; **173** (1960), 11

[10] *C. J. Rodden*, Analytical Chemistry of the Manhattan Project, McGraw-Hill, New York, Toronto, London **1950**, S. 599

[11] *A. M. Fedoseev, W. F. Peretruchin*, Radiochimia **21** (1979) 655

[12] *A. M. Fedoseev, W. F. Peretruchin*, Radiochimia **21** (1979) 650

[13] *W. A. Michailov*, "Analytitscheskaja Chimia Elementov Neptunii", **1971**, S. 178

[14] *J. C. Hindman, E. S. Kritchevsky*, J. Am. Chem. Soc. **72** (1959) 953

[15] *Ph. Cauchetier*, J. of Radioanalyt. Chem. **51** (1979) 225

[16] *S. Casadio, F. Orlandini*, J. Electroanalyt. Chem. **33** (1971) 212

[17] *J. C. Sullivan, J. C. Hindman, A. J. Zielen*, J. Am. Chem. **83** (1961) 3373

[18] *W. G. Wasiliev, B. A. Galkin, W. N. Romanovski, A. N. Timofeev*, RGW Konferenz Karlsbad 1977, KB/77, S. 60

[19] *D. Nebel*, Dissertation, TU Dresden 1960

Gamma-Ray and Neutron Dosimetry Using Semiconductor Silicon Diodes

A. M. Eid, M. A. Gomaa

(Radiation Protection Department, Atomic Energy Establishment, Cairo, Egypt)

Radiation response to gamma-ray absorbed dose in the range of 10 to 750 kGy and neutron absorbed dose in the range of 10 mGy to 700 Gy were investigated using Swedish manufactured silicon diode, type 5422. The results indicated that its sensitivity to gamma-rays is 17·6 mV/kGY up to 60 kGy, and its sensitivity reduces to 10·17 mV/kGy from 70 kGy up to 700 kGy within an error of ±7%, while its response to fast fission neutrons is 67 mV/Gy. Factors affecting dosimeter reading such as dosimeter reading at high temperature, dosimeter annealing and reusability are also studied. The system was used for gamma-ray and neutron dosimetry around high level gamma-ray source, reactor ducted concrete shield, and it is also examined for reactor core dosimetry.

Keywords

dosemeters; dosimetry; fast neutrons; gamma radiation; semiconductor detectors; silicon diodes

1. Introduction

Since the bombardment of a silicon diode with radiation causes changes in the crystal lattice. The latter acts as traps for charge carriers, such effect is designated as radiation effects in silicon diodes. Hence, the change in forward voltage of the diode measured at a specified current (damage factor) is a measure of the total integrated radiations.

The objective of this study is to investigate the feasability of using the silicon diode not only as a dosimeter for high intensity gamma-rays but also as a mixed field dosimeter. For gamma-ray measurements using silicon diode, no complete work has been done yet. *Thurston* et al (1967) [1] stated that the gamma sensitivity is about 10^{-5} that for fast neutrons, *Kruger* et al (1973) [2] indicated that the silicon diode sensitivity to ^{60}Co-gamma-rays was found to be lower than 10^{-3} relative to 15 MeV neutrons. For fast neutron detection using silicon diode, several authors have already been pointed out this technique [1–4]. Their results indicated that the silicon diode can serve as a very good dosimeter for fast neutrons over a range from few milliGrays to several kiloGrays and its energy dependence is very small from 0.15 MeV up to 15 MeV.

2. Silicon diode dosimeter

Silicon diodes of Swedish production type 5422 are used during this investigation. This dosimeter consists of a PIN system produced by diffusion of boron and phosphorus in high ohmic, monocrystalline silicon. The crystal element has the form of a cylinder about 2 mm in diameter and 1.2 mm long. The contact surface of the diode are evaporated Cr/Au layers. The contact leads are 0.5 mm silver wires which are soldered to the Cr/Au layer with a special pb Sn solder. The diode is passivated to the surrounding medium by two layers of plastic, the inner layer being of silicon rubber and the outer of an epoxy resin. The change in the forward voltage of each dosimeter was measured by the Swedish reader type 3806 by applying a constant forward current (25 mA).

2.1. *Response to gamma-rays*

For gamma-ray irradiations, the dosimeters were exposed with ^{60}Co-gamma-ray unit. The dose rate at central position at the irradiation time was 190 mGy/S ± 5% using ferrous sulphate chemical dosimeter.

The prelimenary results indicated that the silicon diode response to gamma-rays up to about one kGy is negligible. Within the kilo-gray range (10–750 kGy), the dosimeter response is studied, and it is shown in figure (1). From Fig. 1, it can be concluded that the sensitivity of the system to gamma-rays is a linear relation when the change in forward voltage in (mV) is ploted againest the gamma-ray absorbed dose in kGy on a log-log paper.

The sensitivity of the system to gamma-rays is 17·6 mV/kGy up to 60 kGy, hence it decreases to around 10·2 ± 0·7 mV/kGy up to 700 kGy. For accurate dosimetric measurements typical characteristic relation Fig. 1 is recommended to be used, hence, the change in forward voltage may be converted to a gamma-ray absorbed dose.

As an extension, the accuracy of gamma-ray absorbed doses was estimated. Tab. 1 shows typical results using silicon diode dosimeter for high level gamma-ray dosimetry, where the dosimeters were exposed to known absorbed doses of 23·5 kGy and 46·97 kGy.

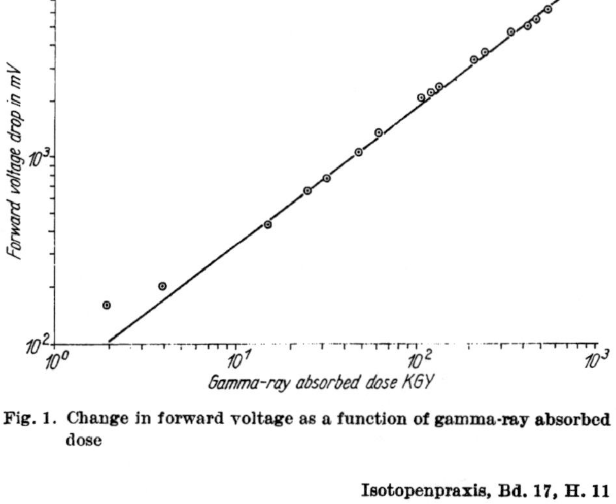

Fig. 1. Change in forward voltage as a function of gamma-ray absorbed dose

Tab. 1. Error in dose estimation using silicon diodes

Real Dose	Change in forward voltage V	Estimated Dose, kGy	Error, %
23·5 kGy	0·63	23·50	0·0
	0·65	25·00	6
	0·58	20·50	12·8
	0·66	25·50	8·5
46·97 Gky	1·10	50·5	7·5
	1·05	48·0	2·2
	1·05	48·0	2·2

From Tab. 1, it is clear that the mean estimated absorbed dose is 23·63 and 48·8 kGy respectively. The same table also shows that the maximum deviation in absorbed dose estimation is within ± 12·8% for individual dosimeter.

2.2. *Response to fast neutrons*

For fast neutron irradiations, the silicon diodes were exposed to a collimated beam of neutrons emitted from one of the horizontal channels of the ET-RR-1 fission reactor. A *Maxwell*ian distribution with an average fission neutron energy ($E \sim 2$ MeV) was considered. For calibration of the dosimeters, the irradiation was done simultaneously with sulpher discs and the neutron absorbed doses were estimated as given after *Delafield* et al. (1973) [5]. Tab. 2 shows the diode sensitivity (change in forward voltage in mV per one gray absorbed dose) where the irradiation time was varing between 1–66 min and the maximum integrated gamma-ray absorbed dose was 0·96 Gy, hence, the γ-ray contribution was negligible as previously mentianed.

Tab. 2. Sensitivity of silicon diodes to fast neutrons at different absorbed doses

Neutron absorbed dose given by sulpher discs, Gy	Change in forward voltage, mV	Diode sensitivity, mV/Gy
0·74 ± 0·05	55 ± 3	74·3 ± 6·4
3·72 ± 0·22	230 ± 7	61·8 ± 4·1
22·3 ± 0·9	1600 ± 120	71·7 ± 6·1
44·6 ± 1·3	2890 ± 70	64·8 ± 2·5
49·1 ± 1·5	3080 ± 80	62·7 ± 2·5

From table (2), the sensitivity of the used dosimeter to fission neutrons is found to be 67 ± 2·1 mV/Gy. This value is in good agreement with that given by *Widell* [4] at neutron energy equal 2 MeV. Noting that the predose reading of the dosimeters under investigation were varied between 1·289 to 1·392 volt.

3. Factors affecting dosimeter reading

Several factors which might affect the diode sensitivity had been presented by authors [1–4], these are the energy dependence, fading of the stored signals and the temperature dependence. In the present study attention is paid to the temperature dependence of the forward voltage as well as the storing temperature and storing time.

3.1. *Heating during dosimeter reading*

a) *For dosimeters exposed to fast neutrons.* Fig. (2) shows the variation of the relative diode reading as a function of the diode temperature. Where dosimeters were exposed to neutrons to give forward voltage drop equal to 2·26 and 1·36 volts at 22 °C respectively. From this figure one can deduce that the forward voltage drop of diodes irradiated to neutrons increase within the temperature range from room temperature up to 60 °C, hence it decreases for above temperatures.

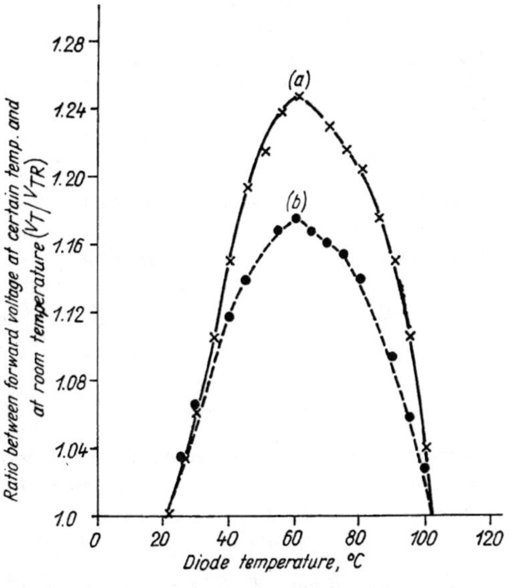

Fig. 2. Variation of the diode reading with its temperature
a) For dosimeter exposed to neutron dose to give change in forward voltage = 2·26 V
b) For dosimeter exposed to neutrons to give 1·36 V change in forward voltage

b) *For dosimeters exposed to gamma-rays.* Fig. (3) shows the change of the forward voltage with diode temperature relative to that at room temperature (22 °C), a) for diode irradiated to gamma-rays to give 0·64 volt change in forward voltage, and b) for dosimeter irradiated to gamma-rays to give 9·8 volt change in forward voltage and heated at 150 °C for one hour to decrease its reading to 5·2 volt. From the results it is clear that, the change in forward voltage drop decreases with increasing the diode temperature in case of gamma-irradiation. This decrease is not noticable for dosimeters heated after irradiation in temperature range from 20–50 °C, while the unheated dosimeter reading is sensitive to its temperature in the range above room temperature*). The previous results may be explained in terms of that total voltage across the diode. The latter is the sum of the junction drops and the voltage drop across the base. Since the junction voltage drop and the base voltage drop have opposite temperature dependence. Hence, the overall temperature dependence may be positive as in case of (neutron irradiation), negative (gamma-

*) It is important to note that the dosimeter reading increases by cooling the dosimeter (room temperature) but it does not grain its original reading unheated dosimeter and gain its original reading for heated dosimeter.

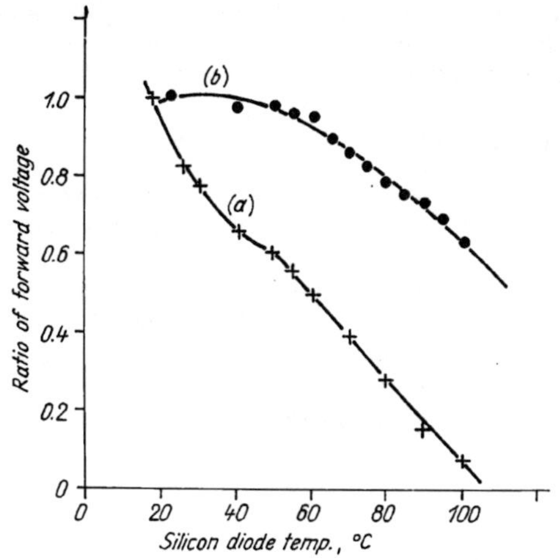

Fig. 3. Variation of Silicon diode forward voltage with its temperature during reading relative to its reading at room temp.
(a) for dosimeter after irradiation (b) for dosimeter heated at 150 °C for two hours before reading

irradiation) or zero, depending on the ratio of the base voltage drop to that of the junction [1]. For this reason, it is recommended to keep the dosimeter at constant temperature during reading, in case of calibration and reading the unknown doses of neutrons and gamma-radiations.

3.2. *Annealing of stored signal*

For annealing studies, the silicon diode dosimeters were heated at different temperatures for fixed time of 15 minutes. Experimental results are given in Tab. 3.

Tab. 3. Annealing effect of silicon diodes at different temperatures for a period of 15 min. For dosimeter exposed to fast neutrons

Temperature, °C	Forward voltage drop, V	Temperature, °C	Forward voltage drop, V
20	2·9	125	2·41
50	2·9	150	1·70
75	2·85	175	1·20
100	2·6	200	1·15

From Tab. 3, it is clear that no effect is observed up to 50 °C, as the temperature is increased the forward voltage drop is decreased. Heating of the dosimeter at 200 °C changes its colour and may melt its solder. Hence, for diode dosimeter, heating at 200 °C is forbidden and the annealing temperature is recommended to be at 150 °C where a relatively stable level may be reached.

3.2.1. Time effect on annealing. For the study of the annealing time effect, a preirradiated dosimeter were annealed at 150 °C for different times. The results are given in Tab. 4 for a dosimeters irradiated with fast neutrons (change in forward voltage equal to 3—2 volt at room temperature).
From Tab. 4, it is clear that as the annealing time is increased the forward voltage drop is decreased and it reaches a relatively stable level by annealing the dosimeter at 150 °C for two hours.

Tab. 4. Time effect on silicon diode annealed at 150 °C for different times and the forward voltage drop at room temperature = 3·2 volt

Annealing time, min	Forward voltage drop, V	Annealing time, min	Forward voltage drop, V
5	2·25	120	1·22
15	1·95	240	1·18
30	1·62	330	1·18
60	1·36	450	1·18

3.2.2. Stable level dependence on radiation quantity and quality. To study the stable level dependence on radiation quantity and quality, dosimeters were irradiated to different absorbed doses of fast neutrons or gamma-rays. Hence, the dosimeters were annealed at 150 °C for 120 min to reach a stable level. The results are presented in Tab. 5.

Tab. 5. Stable level dependence on radiation quantity and quality

(A) Neutron irradiations		(B) Gamma-irradiations	
Dosimeter reading at room temp., V	Stable level, V	Dosimeter reading at room temp., V	Stable level, V
—	—	9·8	5·2
3·2	1·18	—	—
2·8	0·78	—	—
1·8	0·26	—	—
0·42	-ve reading	0·45	0·24
0·35	-ve reading	0·38	0·20

From Tab. 5(A) one can deduce that the stable level is dependent on the absorbed dose, at low doses the annealing may erase all effects due to previous irradiations and also may reduce the pre dose reading. In case of gamma-irradiation Tab. 5(B), the stable level is independent on radiation quantity and it is about 53% of the initial reading at any irradiation dose.

3.3. *Reusability*

As an extention of the annealing effect, the reusability of the dosimeters are investigated.

3.3.1. Sensitivity variation measurements. Three groups, of three dosimeter each, were chosen such that, the first group (G_1) was previously irradiated with gamma-rays absorbed dose equivalent to 13·5 kGy followed by annealing at 150 °C for two hours and reused in gamma-rays field. The second group (G_2) was previously irradiated to fast neutron absorbed dose equivalent to 5·7 Gy followed by annealing at 150 °C for two hours and reused in neutron field. The third group (G_3) was previously irradiated to fast neutron absorbed dose equivalent to 44·5 Gy and annealed as before and reused in gamma-field. For the sake of comparison, the irradiation after annealing were carried out simultanously with new dosimeter. The results are presented in Tab. 6.

From Tab. 6, one can deduce that annealing of the silicon diode dosimeters at 150 °C to reach stable level does not change their sensitivity to the same type of

Tab. 6. Effect of annealing on silicon diode sensitivity

Dosimeter condition	Stable level measurement, V	Change in forward voltage due to the last irradiation, V	Type of radiation
G-1			
γ-ray + anneal. + γ-rays	0·25	0·95 ± 0·10	γ-rays
new dosimeter	—	1·00 ± 0·05	
G-2			
n + anneal. + n	0	0·0245 ± 0·0025	fast neutrons
new dosimeter	—	0·023 ± 0·002	
G-3			gamma-rays
n + anneal. + γ-rays	0·7	1·95 ± 0·14	after neutrons
new dosimeters	—	2·45 ± 0·12	and annealing

radiation. Exposure the dosimeter to one type of radiation followed by annealing at 150 °C may change its sensitivity to the other type of radiation.

4. Neutron dosimetric measurements

For neutron dosimetric measurements inside ordinary concrete, the used dosimeters were distributed in iron punching at different position along the beam direction (x-direction) and at different positions normal to the beam axis (y-direction), where the dosimeters were irradiated for various times (one to 13 hours). Fast neutron absorbed dose rate distribution in concrete along the beam direction for certain values of y is presented in Fig. 4. The results shown in Fig. 4 are simlar in characteristic and behaviour with the results given by *Megahid* et al. [6] using heavy concrete of density 4·6 gm/cm³ made from the Egyption ilments ores. The results are also in agreement with the results given by sulphur discs but with better accuracy.

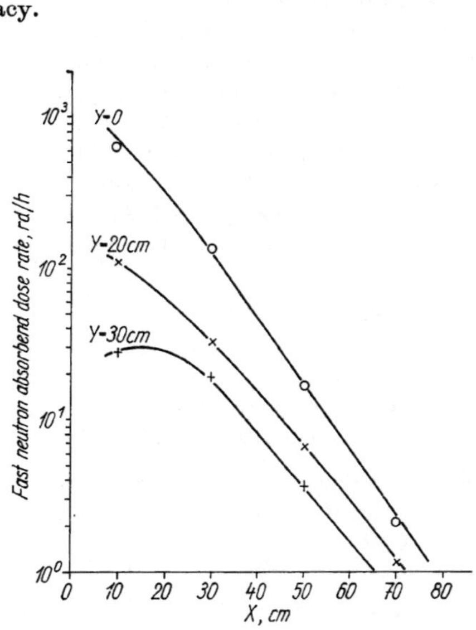

Fig. 4. Fast neutron dose distributions in ordinary concrete along a direction parallel to the beam

5. Reactor dosimetry using silicon diode

The silicon diode was examined for in core reactor dosimetry, a single diode was placed with *Harwell* criticality dosimeter within the dry vertical channel of the ET-RR-1 research reactor for 46·5 hours where the reactor was operated at 2 MW.

Using *Harwell* criticality dosimeter, the neutron fluence was estimated to be around $2{\cdot}28 \times 10^{13}$ n·cm^{-2}. The fast neutron absorbed dose was estimated to be around 685·5 Gy

The γ-ray absorbed dose was measured by one of us using fused silica as thermoluminescence dosimeter to be around 1 MGy.

From the previous results, and as expected change in forward voltage at 25 mA is higher than 10 V (the maximum range of the dosimeter reader) due to neutrons and γ-rays. Hence, the upper level of the silicon diode for fast neutron dosimetry is less than 685·5 Gy and it is expected to be around 150 Gy for the used system.

5.1. *Induced activity measurements*

Since the main composition of the diode is silicon, fast neutrons may interact with ^{28}Si via the (n,p) reaction which yield ^{28}Al. The latter decays to ^{28}Mg.

From the careful study of the interaction of neutrons with the dosimeter materials (see section 2), the most probable interactions are slow neutron interaction with the gold layer and the silver wires. Induced activity measurements confirmed the last statements. The preliminary results showed that 2×10^4 CPm were counted using *Harwell* counting system for dosimeter exposed to 685·5 Gy two days after the irradiation end. Future work is aimed to study this effect in details.

Conclusion

The present work experimental results are the initial development of the silicon diodes as a gamma-ray dosimeter over the interesting industrial application range (10 kGy — 75 kGy). The drop in forward voltage increases linearly with gamma-ray absorbed dose when the relation presents on log-log paper for doses above 10 kGy. The dosimeter does not respond to gamma-rays doses below 0·6 kGy. Its response to neutrons is around 67 mV/Gy for fission neutrons. In a mixed field of γ-rays and neutrons, the ratio of its response to γ-rays relative to its response to neutrons is 1 : 6588.

The main factor which may affect the dosimeter reading is the temperature at which dosimeter reading is carried out and the temperature at which the dosimeter is stored. Present work shows that a stable level can be reached if the annealing temperature is 150 °C and the annealing time is recommended to be two hours. Stable level reading is also found to be a function of the pre-dose and the radiation quality. The present results indicated that its reusability after annealing is probable without change in sensitivity.

The used system was suggested for measuring fast neutron absorbed dose rate inside ordinary concrete shield and it appears to offer the best combination of sensitivity and reproducibility.

Received November 12, 1980

References

[1] *M. O. Thurston* et al., Proc. of Symp. on Neutron Monitoring, IAEA, Vienna (1967) 245
[2] *H. Kruger* et al., Proc. of Symp. on Neutron Monitoring for Radiation protection purposes, IAEA, Vienna, Vol. 11 (1973) 401
[3] *C. O. Widell*, EUR 4896-d-f.e (1972) 329
[4] *C. O. Widell*, Nordiska sullskapet för stralskydd (1974)
[5] *H. J. Delafield, J. A. Dennis, J. A. B. Gibson*, AERE-R 7468 (1973)
[6] *R. M. Megahid, T. Z. Abu-El-Nasr, I. I. Bashter*, AER-AEE/Rep-49 (1980)

Physical and Measuring Principles of Nuclear Well Logging Techniques*)

W. Loetzsch, R. Winkler

(VEB Geophysik Leipzig)[1]

Proceedings from the general task of nuclear geophysics as a special discipline of applied geophysics, the essential physical problems of nuclear well logging techniques are considered. Particularly, the quantitative connexion between measured value and interesting geologic parameter to be determined are treated taking into account internal and external perturbation parameters. Resulting from this study, the technological requirements for radiation sources and there necessary screening, for detectors, electronic circuitry in logging tools, signal transmission by the cable and recording equipment are derived, and explained on examples of gamma-gamma- and neutron-neutron-logging.

Keywords

boreholes; gamma-gamma logging; geophysics; measuring methods; neutron-neutron logging; radiation sources; well logging

1. Introduction

The application of nuclear measuring methods in boreholes (nuclear well logging techniques) is a special discipline of nuclear geophysics. The general task of nuclear geophysics may be characterised as follows

examination — of natural nuclear radiation and of secondary nuclear radiation which is produced by artificial nuclear radiation sources after interaction processes with geological material

with the aim — to use the results for economic and scientific purposes.

Nuclear geophysics is a part of applied geophysics besides seismics, gravimetry, geoelectrics, geomagnetics etc.

Nuclear geophysics solves problems in the aero-, hydro- and lithosphere and is also applicable to extraterrestrial problems.

Nuclear geophysics has close connexions to geosciences and nuclear physics; it includes the application of nuclear methods and techniques for geoscientific purposes. Actual problems in nuclear geophysics are in close relation to economic interests for providing energy- and raw material.

Solving problems of mineral deposits or of geologic interests with nuclear methods or techniques in boreholes is in first approximation equivalent salving a measuring problem in spherical or cylindrical geometry, contrary to the examination of probes in "linear" geometry or to the examination on outcrops in 2π-geometry.

The nuclear radiation energy used for examinations in bore-holes is usually in the range of

10 MeV to 10 keV for γ-radiation
10 MeV to 10^{-2} eV for neutrons.

This radiation has a high penetration and a low absorption capability, therefore it is not possible to apply shielding tools for linear measuring arrangements in boreholes (diameter only in the range of 100 mm), exceptionally in the γ-energy range from 10 to 100 keV. In all other cases it may be possible to assume that radiation source and detectors are arranged in a measuring tool within a cylindrical borehole filled with a certain fluid which is surrounded by a homogeneous, infinitely extended "geological material". The problem of nuclear geophysics in boreholes is to determine parameters of this material, i.e. parameters of mineral deposits or of geologic interest like density, porosity, element contents. In all cases exists a primary nuclear interaction process, or a distribution of radiation sources in the rocks with a functional connexion between the interesting geologic parameter P and the measured value W

$$W = f(P; p_i; p_a) \tag{1}$$

with

p_i internal perturbation parameters, which are caused by simultaneous secondary interaction processes

p_a external perturbation parameters, which are caused by the geometry of the borehole, the mud (borehole fluid), casing etc.

2. Summary of the nuclear lopping techniques

In Tab. 1 the most important nuclear logging techniques are listed without evaluation of their international state-of-the-art and applicability for the solution of specific practical problems, the corresponding primarily measured parameters and some examples for measurable element contents [1–4].

*) Vortrag, gehalten auf dem 25. Internationalen Geophysikalischen Symposium, 16.–20. 09. 1980, Szekesfehervar (Ungarn)

[1]) Anschrift: 7024 Leipzig, Bautzner Str. 67

Tab. 1. Nuclear logging techniques

logging technique	measured parameter	measurable element contents
G	equivalent content	
G_{spectr}	content of natural radioactive nuclids	U, Th, K
GG	(electrons) density	
$GG_{selectiv}$	Z_{eff}	
$GG_{X\text{-ray fluoresc}}$	element content	Pb, Sn, Ba, Hg, W, Fe, Cu
GN	element content	Be, Li
$GG_{Mössbauer}$	element content	Sn, Fe
NG	index of porosity NG	
$NN_{therm/epitherm}$	porosity (index) NN	(Mn), (B)
NG_{spectr}	element content	Fe, Hg, Cr, Ni, S
$N_{act}G$	element content	Cu, Mn, Na, Al, F
$N_{pul}N_{therm/epitherm}$	macroscopic cross section	(Hg)
$N_{pul}G$	macroscopic cross section	
$N_{pul}G_{inelast\,(spectr)}$	element content	
$N_{pul,act}G_{(spectr)}$	element content	O, Si, Mn, Cu
NN_{fiss} promt delayed	element content	U

3. Demands on the logging techniques for a quantitative evaluation of data

A criterion for the applicability of a certain technique in geologic prospecting is that a chemical element, a chemical compound or a geologic parameter accentuates itself by concentration or size within a well determined volume with respect to its surrounding. Furthermore, this concentration anomaly must yield a measurement anomaly if a special technique is applied. This qualitative connexion must be optimized during the developement of a particular technique, i.e. the variables of that technique must be chosen in such a way that for a certain concentration difference or ratio which is to measure an optimum difference or ratio of measured data is achieved.

Having a measurement configuration optimized in that manner the connexion between measured value and wanted parameter can be written in the form

$$\mathsf{U}_0(U(E); t) = K_0 \mathsf{E}_0(E(P_0); t)\ \mathsf{M}_0 \quad (2)$$

if counter-tubes or scintillation as well as semiconductor detectors are used [5]. The parameter P_0 which is to be determined produces in dependence on the used technique an energy distribution matrix $\mathsf{E}_0(E(P_0); t)$ which may be time-dependent and represented by a single-row matrix. By means of the spectral sensitivity M_0 (matrix) one obtains the pulse height distribution matrix $\mathsf{U}_0(U(E); t)$ as a single-row matrix together with the constant K_0. The elements of that matrix indicate according to the result of a spectrometric measurement configuration how many pulses per elapsed time interval pertain to successive pulse height intervals ΔU. Contrary to this, the elements of the energy distribution matrix represent the number of neutrons or gamma quantums occuring in the energy interval ΔE at the detector location.

Specific problems of radiation extending and interaction of particles or quantums with the rock leading to position dependencies on the formation are not considered but only the resulting radiation distribution at the detector location. This procedure is advantageous for most of the practical cases where an explicit connexion can not be computed usually in homogeneous, infinitely extended media, not to speak about the influence of internal and external pertubation effects.

Hence, for a more quantitative representation of nuclear logging techniques it seems expedient to apply a model simulation of measurement effects both in relatively "clean" media and under "borehole-like" conditions.

The influence of the internal perturbation parameters p_i on the measurement result caused by perturbing element concentrations or perturbing effects of the rock is presumed additively and independently of each other. Therefrom, we obtain for the energy distribution matrix of the rock (model)

$$\mathsf{E}_G = \mathsf{E}_0 + \sum_K \mathsf{E}_{Pi;K} \quad \text{where} \quad \sum_K \mathsf{E}_{Pi;K} < \mathsf{E}_0 \quad (3)$$

A mutual influence of the internal perturbing effects as well as an influence on the main parameter are not considered.

The influence of the external perturbing parameters p_a is taken into account as a direct variation of the parameter P which is to measure, that means

$$\mathsf{E}_{0;Pa}\big(E(P_0 + \Delta P_0(p))\big) \quad \text{where} \quad \mathsf{E}_{0;pa} \sim \mathsf{E}_0 \quad (4)$$

Consequently, the model must correspond by far with the practical conditions in respect of the diameter of borehole and type of mud.

The presented mathematical formulation of the problem enables to determine the actions of internal and external perturbation parameters on the measurement result by a perturbation computation, and to involve these actions into quantitative interpretation. This can be accomplished using models which reproduce the parameter dependence under "relatively clean and similar" in-situ conditions. Furthermore, the obtained results may be compared with boring core investigations.

3.1. Demands on radiation sources and shielding

The applied measurement technique determines the type of the used radiation sources.

For the gamma-gamma logging (density log) ^{60}Co and ^{137}Cs are conventionally used. They are well suited due to its half-life period as well as the emitted gamma-radiation. The application of ^{133}Ba (Tab. 2) should be tested. For selective GG-loggings and GG-X-ray fluorescence log (roentgen radiometric method) low-energy radiation sources are principally used [4]. Some nuclides having gamma energies > 50 keV and a half-life period > 100 d are listed in Tab. 2.

Tab. 2. γ-Radiation sources

nuclide	half-time		emitted γ-radiation in MeV
^{60}Co	5·27	a	1·17, 1·33
^{137}Cs	30·1	a	0·66
^{133}Ba	10·5	a	0·081 (32%), 0·292 (26%)
^{109}Cd	453	d	0·088 (4%)
^{147}Pm	2·62	a	
^{170}Tm	128·6	d	0·084
^{153}Gd	242	d	0·097 (28%), 0·013 (27%)
^{57}Co	270	d	0·122 (88%), 0·136 (2%)
^{139}Ce	138	d	0·166 (79%)
^{75}Se	120	d	0·121 (15%), 0·136 (54%), 0·266 (56%), 0·280 (23%), 0·401 (13%)
^{241}Am	433	a	0·060 (4%)
^{145}Sm	340	d	0·061 (100%)
^{124}Sb	60	d	0·660 (99%), 0·650 (7·5%) 0·720 (10%), 1·692 (50%), 2·088 (6·5%)
Isotope neutron sources			
^{210}PoBe	138	d	
^{241}AmBe	433	a	
^{239}PuBe	$2{\cdot}4 \cdot 10^4$	a	
^{252}Cf	2·62	a	

For the gamma-neutron technique with a threshold energy of 1,7 MeV ^{124}Sb is only of interest.

For stationary neutron techniques the isotopic neutron sources ^{210}Po, ^{241}Am and ^{239}Pu in connexion with Be and ^{252}Cf are available. Due to the similar neutron energy distribution of the first three mentioned radiation sources with Be, their application is only influenced by logging technological and radiation protection considerations. If ^{252}Cf is used, the exponentially decreasing neutron energy distribution (similar to reactor neutrons) must be observed especially at thresholdvalue reactions.

The various pulse neutron sources (with 14 MeV) for pulse neutron generators as well as gamma-generators shall not be discussed here.

As the emitted energy distributions of those isotope sources can be considered as time-constant and the half-life periods are known with good accuracy (taken into account by the factor K_0 of equation (2)) the technical requirements are reduced to an accurate reproducable locating of the source from measurement to measurement and during calibration, if the sources are taken from the probes for transporting purposes. The optimization of source strength according to accuracy demands and radiation protection demands is evident. The used shielding must guarantee that no further perturbation parameters are produced by the measurement system itself. Changes at the shielding lead always to changes of the measured values, even if the other conditions are kept constantly, that means the spectral sensitivity matrix **M** is influenced.

3.2. Demands on the detector

Corresponding to the problem being solved Geiger Müller counters, proportional counters, scintillation counters (with different detectors), and semiconductor detectors are applied. The particularities of the individual detectors are not considered here. The following facts which essentially influence the precision of well loggings must be observed generally:

- temperature dependence of measurement effect and range of operation of the individual detector types or exemplars
- background of measurement (zero effect, noise etc.); necessity to discriminate between measurement effect and background
- choice and stability of voltage supply for the detectors.

If these requirements are not met, changes of the spectral sensitivity matrix **M** arise therefrom.

3.3. Demands on the measurement electronics and voltage supply

The pulse-height distributions generated by the detectors are amplified, the signals are discriminated against the background (noise) and amplified. Furthermore, an electrical adjustment to the cable and to the transmission of signals by the cable to the surface is accomplished.

This signal transmitting electronics must treat all signals or pulse-height distributions occuring at the output of the detector without loss considering the linearity of energy under the partially extreme temperature and transmission conditions. It is desirable that the evaluation of measured data is not carried out in the probe but by the surface equipment. The amount of probe electronics should keep down.

3.4. Requirement of the surface electronic supply

By means of the surface unit the informations transmitted from the borehole to the surface are corrected in that manner that the parameters to be measured or combinations between them can be documented and repressented versus depth. Owing to the given capabilities of microelectronics the surface electronic supply can be implemented in two ways:

- full evaluation of data in the field that means computation and representation of the measured parameters versus depth as a plotted curve or digital values
- recording of the signals on data carriers in the field or transmission to a stationary data centre for the computation and representation of measured parameters as well as combinations of them.

To which degree the evaluation is accomplished during field work or in the data centre depends on both the specific problems to be solved and the demands of the customer.

The representation and documentation of data has to be done in a way that a complete reproduction of the technological conditions is possible for later interpretations.

The following types of operation and surface electronic supply are characteristic for nuclear logging techniques

depending on the measurement technique:
- pulse counting in one or more channels within given depth and/or time intervals
- pulse rate measurement in one or more channels as function of depth
- pulse counting in one or several channels within time windows as function of depth and/or at a given time
- pulse rate measurement in one or several channels within time windows as function of depth
- recording of pulse-height distributions as function of depth and/or at a given time
- recording of pulse-time distributions as function of depth and/or at a given time
- recording of pulse-height distributions within a time windows as function of depth and/or at a given time
- recording of pulse-height as well as time distributions as function of depth and/or at a given time.

Furthermore, for the evaluation it is necessary to carry out computations with pulse rates and pulse-height and pulse time distributions as well.

Generally, the first four types of operations are applied to limit the amount of data to be recorded. Consequently, pulse-height as well as pulse time distributions are only accomplished for preselected horizons.

4. Exemple for GG- and NN-logging

The nuclear logging techniques GG and NN (NG) are differently applied in the international area. Generally, it is tried to determine the geologic parameters *rock density* and *porosity* according to both the various designs of probes and their technological principle. Hence, the measured values of these techniques are generally related to a density or porosity scale derived from model media. According to chapter 3 it is not expedient to use any derived density or porosity for calibration because the internal perturbation parameters of model media must be known. These are for GG the Z/A and Z_{eff} and for NN the scattering and absorption cross sections as a function of the neutron energy, and additionally for NG the (nγ)-capture properties, emission properties as well as the energy-dependent γ-absorption and scattering properties, too.

It is almost impossible to take into consideration all of these perturbation parameters for any model media and their influence on the measured values.

Hence, it is suggested to choose model media which are available in plenty (some m³) which are chemically pure, and which approximately correspond to the actual measurement conditions. It seems that model media consisting of SiO_2 and H_2O are best suited for the techniques of GG and of NN (NG). With these models the following parameters can be reproduced:

	SiO_2	⟨——		——⟩	H_2O	
porosity	0	(0·2)	0·4	(0·7)	1·0	
density	2·65	(2·3)	1·99	(1·5)	1·0	gcm^{-3}
material	dense block of quarzite		sand/ water mixture		water	

The cleanness of the used material (> 97% SiO_2) is sufficient for practical purposes. It can be proved on laboratory samples with X-ray fluoresence analysis for elements having a greater atomic number and by neutron techniques for elements with excessive neutron properties, by conventional and chemical analysis.

Equally, limestone models could be considered.

The homogeneous model media have a height of 1·20 m and a diameter of 1·50 m for solid rock. Using well diameters of 60 mm, 90 mm and 150 mm (also 220 mm) the occuring range of variation of the external perturbation parameters should be comprehended.

The quantitative measurement process can be accomplished by the determination of the functional connexion between measured value and the parameter by basic calibrations in such models for each type of probe using several specimens. Temporal varying factors of detector sensitivity and activity changes of the used radiation sources can be corrected by the aid of factor K after control calibrations in a single medica with each probe between the time, when measurements were carried out. The total dependence on measured value and parameter must be maintained.

These considerations should demonstrate, that for a quantitative estimation of the logging process — also for routine work — one must proceed from the physical and technical principles. By this way, both the limitations of interpretability of a technique and their further possible development can be revealed.

Received December 3, 1980

Literatur

[1] *E. M. Filippov*, Jadernaja razvedka poleznych iskopajemych, Kiev, „NAUKOVA DUMKA" 1978

[2] *J. A. Czubek*, Modern trends in mining geophysics and well logging for mineral exploration, Paper No. 11 in Internat. Symposium on Geophysics and Geochemistry applied to the Search for Metallic Ores „Exploration 77" held in Ottawa 16.—20. oct. 1977

[3] Nuclear Techniques and Mineral Resources 1977, Proceedings of a Symposium held in Vienna 7.—10 March 1977, Proc. Series STI/PUB/464, IAEA, Vienna 1977

[4] *A. P. Otschkur*, Gamma-metody w rudnoj geologii, Izdatelstvo Nedra, Leningradskoe Otdelenie, Leningrad 1976

[5] *W. Lötzsch*, Ein Beitrag zur Anwendung der Neutroneinfang-γ-Spektrometrie für analytische Zwecke, insbesondere zur Bohrlocherkundung von Eisenerz, Freiberger Forschungshefte C 205, VEB Deutscher Verlag für Grundstoffindustrie, Leipzig 1966

Experimentelle Bestimmung von k_0-Faktoren und deren Anwendung zur Beurteilung von Kerndaten

P. Nikolow[1]), *S. Niese*[2])

([1]) Institut für Kernforschung und Kernenergie Sofia, Bulgarien; [2]) Zentralinstitut für Kernforschung Rossendorf)

Es wurden einige k_0-Faktoren für die Standardisierung der Multielement-Neutronenaktivierungsanalyse bestimmt und mit Werten verglichen, die aus Kerndaten berechnet bzw. von anderen Autoren bestimmt wurden.

Keywords

activation analysis; k_0-factors; multi-element analysis; neutrons; nuclear data

Einleitung

Die Anwendung der Komparatormethode zur Standardisierung der Multielement-Neutronenaktivierungsanalyse führt zu einer beträchtlichen Erleichterung insbesondere bei der Analyse großer Serien. Die erforderlichen k_0-Faktoren [1] sind bis jetzt noch nicht für alle Nuklide untersucht worden [2]. Deren experimentelle Überprüfung macht sich deshalb erforderlich, weil die in der Literatur angegebenen Kerndaten, die für die Aktivierungsanalyse erforderlich sind, insbesondere die Einfangquerschnitte und absoluten Gamma-Intensitäten, noch nicht die gewünschte Genauigkeit besitzen [3]. Darüber hinaus machen sich für die Beschreibung einer Reihe von Kernreaktionen zusätzliche Parameter erforderlich.

In der vorliegenden Arbeit werden ausgewählte k_0-Faktoren in zwei Reaktorpositionen mit einem unterschiedlichem Verhältnis des thermischen und epithermischen Anteils der Neutronen experimentell bestimmt und mit aus Kerndaten berechneten Werten verglichen.

Definition der k_0-Faktoren

Der k_0-Faktor ist eine der Komparatormethode angepaßte Kombination von Kerndaten, er läßt sich berechnen nach

$$k_{0,\mathrm{ber}} = \frac{M_c \cdot h \cdot \gamma \cdot \sigma_M}{M \cdot h_c \cdot \gamma_c \cdot \sigma_{M,c}} \tag{1}$$

dabei sind M — Atommasse des Elementes, h — Isotopenhäufigkeit, γ — absolute Gammaintensität und σ_M — Aktivierungsquerschnitt für *Maxwell*-Neutronen; $\sigma_M = \sigma_0 \cdot g$, σ_0 — Aktivierungsquerschnitt für $v_0 = 2200\ \mathrm{ms}^{-1}$, g — *Westcott*-Faktor [4]. Der Index c kennzeichnet das Komparatornuklid.

Die experimentelle Bestimmung erfolgt nach

$$k_{0,\mathrm{exp}} = \frac{z_s \cdot \varepsilon_c \cdot (f + q_c)}{z_{s,c} \cdot \varepsilon \cdot (f + q)} \tag{2}$$

dabei ist

$$z_s = \frac{Z \cdot \lambda t_M}{(1 - e^{-\lambda t_B})\, e^{-\lambda t_A}(1 - e^{-\lambda t_M})\, m} \tag{3}$$

die spezifische Sättigungszählrate, Z — Zählrate in der ausgewerteten Gammalinie, t_B, t_A, t_M — Bestrahlungs-, Abkling- und Meßzeit, λ — Zerfallskonstante, m — Probenmasse, ε — Effektivität der Messung für die ausgewählte Gammalinie, $f = \Phi_M/\Phi_{epi}$ — Verhältnis von Maxwell — Neutronenflußdichte und Flußdichte epithermischer Neutronen sowie $q = I_0/\sigma_M$ — Verhältnis von Resonanzintegral zu Aktivierungsquerschnitt.

Es ist gegenwärtig üblich, die k_0-Faktoren auf die 411.8-keV -Linie des ^{198}Au zu beziehen und f mit Hilfe der Referenzreaktionen ^{59}Co(n, γ) ^{60}Co und ^{197}Au(n, γ) ^{198}Au (Tab. 4) zu berechnen.

Experimentelles

Zur Bestimmung der k_0-Faktoren für die Neutroneneinfangreaktionen von ^{58}Fe, ^{64}Zn, ^{68}Zn, ^{94}Zr, ^{96}Zr, ^{109}Ag, ^{112}Sn, ^{116}Sn, ^{121}Sb und ^{186}W wurden jeweils fünf Proben des zu untersuchenden Elementes gemeinsam mit jeweils drei Au-, Co- und Zr-Standards in den Kanälen A 6—1 (Aluminiumreflektor) und C 1—3 (Core) des Rossendorfer Forschungsreaktors bestrahlt. Während eines 18monatigen Versuchsprogrammes blieben die Verhältnisse der Neutronenflußdichten in den beiden Positionen konstant, sie betrugen 53·45 ± 2·73 und 23·24 ± 1·06. Für jedes Nuklid wurden drei bis sechs Probenserien im Kanal C 1—3 und drei bis acht Probenserien im Kanal A 6—1 bestrahlt. Die einzelnen Proben waren in kleine Quarzampullen verpackt und diese in große Quarzampullen eingeschmolzen worden. Probenform und Bestrahlungszeiten sind in Tab. 1 zusammengestellt.

Zur Messung wurde ein Gammaspektrometer [5] mit modifizierten koaxialen Ge(Li)-Detektoren mit 55 cm³ und 18 cm³ aktivem Volumen und 6·3% bzw. 1·3% relativer Effektivität verwendet. Die absoluten Photoeffektivitäten der Detektoren bei unterschiedlichen Abständen wurden mit Hilfe von Standards unter Verwendung eines halbempirischen Modells [6] bestimmt.

Ergebnisse

Mit Hilfe der k_0-Werte werden stets nur die Produkte $\sigma_M \cdot \gamma$ bzw. $I_0 \cdot \gamma$ überprüft, weshalb wir σ_M und I_0 stets in Verbindung mit γ angeben. Die durch Abweichung des epithermischen Flusses vom $1/E$-Verlauf verursachten Fehler wurden bei unserem Verfahren nicht erkannt. Aus den erhaltenen Werten für I_0/σ_M für den Neutroneneinfang von ^{96}Zr läßt sich aber ableiten, daß der Exponent von E

[2]) Anschrift: 8051 Dresden, PSF 19

Tab. 1. Probenformen und Bestrahlungszeiten

Probenform	Dicke bzw. Durchmess. in mm	Probenmasse in g	Bestrahlungszeit in h C 1–3	A 6–1
Fe-Draht	0,35	0,7 ... 10	20 ... 60	40 ... 90
Co–Al-Legierung 0,698% (Draht)	1,0	0,2 ... 3	0,5 ... 20	1 ... 40
Zn-Späne	ca. 0,2	0,2 ... 4	0,5 ... 2	1 ... 3
Zr-Späne	ca. 0,25	0,4 ... 7	0,5 ... 60	1 ... 9
Ag-Folie	0,015	0,03 ... 0,12	0,5 ... 1	1 ... 2
Sn-Folie	0,045	0,3 ... 6	20 ... 40	40 ... 90
Sb–Al-Legierung 0,1% Sb (Blech)	1,0	0,8 ... 4	0,5 ... 2	1 ... 3
W-Folie	0,2	0,3 ... 0,8	0,5 ... 1	1 ... 2
Au–Al-Legierung 0,104% (Blech)	1,0	0,2 ... 2	0,5 ... 2	1 ... 3

Tab. 2. Vergleich experimenteller und berechneter k_0-Faktoren für die Aktivierungsprodukte aus ^{96}Zr für verschiedene γ^*_{743} und $\gamma_{658}(\gamma^*(743{,}3) = \gamma(743{,}3) \cdot 0{,}96)$

σ_0	I_0	E_γ	$k_{0\text{Au, exp}} \cdot 10^5$		$k_{0\text{Au, ber}} \cdot 10^5$ für verschiedene γ^* und γ, %				
			C 1–3	A 6–1	94,2	94,0	93,3	92,8	91,7
					99,0	98,2	99,0	98,0	97,7
barn	barn	keV			[23]	[14]	[15]	[16]	[17]
0,0057	4,97 [18]	743	0,373	0,388	0,344	0,343	0,341	0,339	0,335
		658	0,397	0,414	0,362	0,358	0,362	0,358	0,357
0,017	5,0 [19]	743	1,054	1,046	1,026	1,024	1.016	1,011	0,999
		658	1,119	1,125	1,078	1,070	1,078	1.068	1,064
0,020	5,0 [20]	743	1,225	1,200	1,207	1,204	1,195	1,189	1,175
		658	1,301	1,293	1,269	1,258	1,269	1,256	1,252
0,029	5,0 [21]	743	1,338	1,301	1,382	1,379	1,369	1,361	1,345
		658	1,426	1,390	1,452	1,441	1,452	1,437	1,433
0,050	5,0 [22]	743	2,746	2,424	3,017	3,011	2,988	2,972	2,937
		658	2,783	2,746	3,171	3,146	3,171	3,139	3,129

Tab. 3. Resonanzparameter für ^{109}Ag und ^{186}W

Nuklid	ϱ g · cm^{-3}	E_r eV	σ_{E_r} barn	Γ_γ eV	Γ_n eV	Γ eV
^{109}Ag	10,5	5,20	34000	0,140	0,0125	0,1525
^{186}W	19,3	18,8	14000	0,045	0,266	0,311

nur wenige Prozent von 1·00 abweichen dürfte [7]. Für ^{109}Ag und ^{197}Au wurde mit $g = 1{\cdot}0078$ bzw. $g = 1{\cdot}0061$ [8] entsprechend einer Neutronentemperatur von 353 K gerechnet, bei allen anderen Nukliden wurde $g = 1{\cdot}00$ und $\sigma_M = \sigma_0$ gesetzt.

Die Methode der Beurteilung der Kerndaten wird für den Neutroneneinfang von ^{96}Zr in Tab. 2 gezeigt. Die experimentellen Ergebnisse stimmen am besten mit den Werten für $\sigma_0 = 0{\cdot}020$ b, $I_0 = 5{\cdot}0$, $\gamma_{743.3} = 94{\cdot}2\%$ und $\gamma_{658.2} = 99{\cdot}0\%$ überein. Zur Berücksichtigung der Selbstabschirmeffekte der Ag- und W-Proben wurden die in Tab. 3 aufgeführten Resonanzparameter benutzt [9]. Die Berechnung der epithermischen Selbstabschirmfaktoren nach der (NIRA)-Näherung [10] ergab $F_{epi} = 0{\cdot}574$ für ^{109}Ag und $F_{epi} = 767$ für ^{186}W.

Die entsprechenden thermischen Selbstabschirmfaktoren [11] wurden zu $F_{th} = 0{\cdot}985$ für Ag und $F_{th} = 0{\cdot}949$ für W erhalten.

Die mit den experimentellen k_0-Werten am besten übereinstimmenden Kerndaten sind zusammen mit den $k_{0,\text{Au}}$ Werten und entsprechenden experimentellen $k_{0,\text{Au}}$ Werten aus der Literatur [2, 12] in Tab. 4 zusammengestellt

Schlußfolgerung

Die k_0-Faktoren stellen nicht nur ein Hilfsmittel zur Anwendung der Komparatormethode in der Aktivierungsanalyse dar, sondern sind auch sehr nützlich zur Überprüfung von Kerndaten, Standards, Effektivitätsfunktionen, Flußverhältnissen und Meßverfahren.

Tab. 4. Kerndaten und k_0-Faktoren der untersuchten Nuklide

Nuklid	σ_0 barn	I_0 barn	Radionuklid	$t_{1/2}$	E_γ keV	γ %	k_{0Au} ber.	k_{0Au} exp.	k_{0Au} exp. [2] [3] [24]
^{58}Fe	1,20	1,26	^{59}Fe	44,6 d	1099	56,5	7,85 E-5	7,80 E-5	7,81 E-5*)
					1292	43,3	6,01 E-5	5,91 E-5	5,98 E-5*)
^{64}Zn	0,715	1,73	^{65}Zn	244 d	1116	50,75	5,66 E-3	5,75 E-3	5,68 E-3
^{68}Zn	0,07	0,24	^{69m}Zn	13,9 h	438,6	95,0	3,95 E-4	3,92 E-4	3,89 E-4
^{94}Zr	0,052	0,300	^{95}Zr	64,05 d	724,2	44,3	9,25 E-5	9,24 E-5	9,05 E-5
					756,7	54,5	1.14 E-4	1,13 E-4	1,12 E-4
^{96}Zr	0,02	5,0	┌^{97}Zr	16,8 h					
			β^- ↓β^-96%						
			│^{97m}Nb	54 s	743,3	94,2	1,21 E-5	1,21 E-5	1,20 E-5
			4%↓ IT 100%						
			└→^{97}Nb	73,6 min	658,2	99,0	1,27 E-2	1,30 E-5	1,30 E-5
^{109}Ag	4,70	57,34	^{110m}Ag	250,4 d	657,7	94,4	4,14 E-2	4,18 E-2	
					884,7	73,5	3.22 E-2	3.19 E-2	
					937,5	34,3	1,50 E-2	1,50 E-2	
^{112}Sn	0,55	27,9	^{113}Sn β^-	115,1 d					
			^{113m}In	1,66 h	391,7	64,17	6,21 E-5	6,20 E-5	5.93 E-5**)
^{116}Sn	0,0054	1,01 [25]	^{117m}Sn	13,6 d	158,4	90,9	1,23 E-5	1,23 E-5	1,65 E-5
^{121}Sb	6,20	181	^{122}hb	2,72 d	564,1	66,0	4.02 E-2	3.99 E-2	
^{186}W	37,8	500	^{178}W	23,9 h	134,2	10,1	1.24 E-2	1,26 E-2	
					178,5	26,6	3.26 E-2	3.37 E-2	2.95 E-2
					685,7	32,0	3,93 E-2	4.04 E-2	3.64 E-2
^{59}Co	37,0	75,0	^{60}Co	5,272 y	1173	99,88	1.31	1,31	1,32
					1332	100	1,31	1,31	1.32
^{197}Au	98,8	1550	^{198}Au	2,695 d	411,8	95,53	1,00	1,00	1,00

*) berechnet für $q = 1{\cdot}03$ **) berechnet für $q = 48{\cdot}8$

Eingegangen am 7. 1. 1981

Literatur

[1] *A. Simonits, F. De Corte, J. Hoste,* J. Radioanal. Chem. **24** (1975) 31
[2] *A. Simonits, L. Moens, F. De Corte, J. Hoste, A. De Wispeleare, A. Elek,* Proc. 5th Symp. on Recent Development on Activation Analysis, Oxford 1978
[3] *V. Krivan,* Symp. Appl. of Nuclear Data in Science and Technology, Paris 1973
[4] *C. H. Westcott,* Report CRRP – 960 (1960)
[5] *M. Kahlenbach, W. Görner, G. Loos,* J. Radioanal. Chem. **28** (1975) 263
[6] *W. Görner, p. Nikolow,* Isotopenpraxis **16** (1980) 127
[7] *L. Moens, F. DeCorte, A. Simonits, A. DeWispeleare, J. Hoste,* J. Radioanal. Chem. **52** (1979) 379
[8] *E. M. Gryntakis, J. I. Kim,* Radiochimica Acta **22** (1975) 128
[9] *W. L. Zijp,* Report RCN-40, Petten, Niederlande, 1965
[10] *J. Chernik, R. Vernon,* Nucl. Sci. Engng. **4** (1958) 649
[11] *P. F. Zweiffel,* Nucleonics **18** (1960), No. 11, 74
[12] *L. Moens, F. DeCorte, J. Hoste, A. Simonits,* J. Radioanal. Chem. **45** (1978) 221
[13] *G. Erdtmann,* Neutron Activation Tables, Weinheim, New York Verlag Chemie 1976
[14] *G. Erdtmann, W. Soyka,* Report, Jül-1003 (1974)
[15] *W. W. Bowmann, K. W. MacMurdo,* ADNDT 13, Febr. 1974
[16] Nuclear Data Sheets **10** (1973) 1
[17] *C. M. Lederer* et al., Tables of Isotopes, John Wileys & Sons inc. (1967)
[18] *M. D. Ricabarra, R. Turjanski, G. H. Ricabarra,* Canad. J. Phys. **48** (1970) 2362
[19] *J. F. Mughabghab, D. I. Gyrber,* Neutron Cross Section, Vol. I Resonance Parameters, BNL-325 (1973)
[20] *N. E. Holden, F. M. Walker,* Chart of Nuclides 11 ed., Schenectady, N. Y., 1972
[21] *D. C. Santry, R. D. Werner,* Canad. J. Phys. **51** (1973) 2441
[22] IAEA "Handbook on Nuclear Activation Cross Sections, Rechn. Rept. Ser. 156 (1974)
[23] *I. M. H. Pagden, G. J. Pearson, J. M. Bewers,* J. Radioanal. Chem. 8 (1971) 127 u. 373 9 (1971) 101
[24] *F. DeCorte, L. Moens, A. Simonits, A. De Wispelaere, J. Hoste,* J. Radioanal. Chem. **52** (1979) 295
[25] *P. Nikolow, S. Niese,* Isotopenpraxis **16** (1980) 31

Tagungsberichte

V. Symposium der RGW-Mitgliedsländer zum Thema „Untersuchungen auf dem Gebiet der Wiederaufarbeitung bestrahlter Brennstoffe und der Beseitigung radioaktiver Abfälle“, 7. – 10. April 1981, Marianske Lazne, ČSSR

Die auf dem Symposium vorgestellten 12 Plenar- und 100 thematischen Vorträge gaben einen guten Überblick über den Stand der Untersuchungen zum o.g. Thema im Bereich des RGW. Es nahmen 135 Spezialisten aus der VRB, der UVR, der DDR, der Republik Kuba, der VRP, der SRR, der UdSSR, der SFRJ und aus der ČSSR teil.

In der Sektion „Wiederaufarbeitung und Beseitigung der bei der Wiederaufarbeitung anfallenden Rückstände einschließlich Entwicklung von Labor- und technologischen Ausrüstungen“ wurden Vorträge zu zwei thematischen Richtungen gehalten: „Entwicklung physikalisch-chemischer Grundlagen der Technologie der Wiederaufarbeitung“ und „Erprobung komplexer technologischer Schemata, einzelner Prozesse und Versuchsmuster von Ausrüstungen unter Laborbedingungen und in Versuchsanlagen mit Lösungen abgebrannten Kernbrennstoffs“.

In den Vorträgen der ersten Richtung spielten die Komplexbildung mit phosphororganischen Verbindungen (*I. Volodin* u. a., UdSSR; *J. Leikin* u. a., UdSSR; *P. Grychovski* u. a., VRP/ČSSR), die Kinetik von Redoxreaktionen (*V. Koltunov* u. a., UdSSR) und des Phasenübergangs im System Tributylphosphat/Verdünner-Salpetersäure (*M. Puschlenkov* u. a., UdSSR) eine Rolle. Es wurden neue Bindemittel zur Verfestigung hochaktiver Abfälle (*S. Tymochovitch*, VRP; *B. Saitzev* u. a., UdSSR) sowie die Zusammensetzung und das optimale Regime der Herstellung verglaster Abfälle vorgestellt (*L. Neumann* u. a., ČSSR; *A. Minaev* u. a., UdSSR; *I. Steiskal* u. a., ČSSR). Die Untersuchung des Verhaltens flüchtiger Fluoride des Rutheniums und ihrer Abtrennung von PuF_4 ist für die Fluoridtechnologie wichtig (*F. Bruzhek* u. a., ČSSR).

Eine bedeutende Anzahl von Vorträgen war extraktiven und Sorptionsmethoden zur Abtrennung von Cäsium (*B. Galkin* u. a., UdSSR/ČSSR; *F. Süß* u. a., *B. Eckert* u. a. DDR), Strontium (*B. Galkin* u. a., UdSSR/ČSSR), Americium (*L. Lasarev* u. a., UdSSR; *Ch. Boden* u. a., DDR; *W. Heyne*, DDR), Palladium (*G. Pfrepper* u. a.; *B. Gorski* u. a., DDR) und Technetium (*B. Gorski*, DDR) aus den hochaktiven Abfallösungen der Wiederaufarbeitung gewidmet. Die Skala der bekannten Extraktionssysteme ist durch neue Vorschläge zur Nutzung von Extraktionsmitteln auf der Grundlage phosphor- und schwefelhaltiger Verbindungen bereichert worden. Von Spezialisten der DDR, der UdSSR und der ČSSR wurden gleichzeitig, z. T gemeinsam, Vorstellungen oder Ergebnisse zum Betrieb von Pilotanlagen in heißen Kammern zur Prüfung komplexer Schemata der Aufarbeitung von Abfallösungen dargestellt. Leider wurde der Ausrüstung solcher Pilotanlagen mit entsprechenden Meßfühlern und Regeleinrichtungen zu wenig Aufmerksamkeit geschenkt. Berichtet wurde über die Entwicklung von Dichtemessern und Gamma-Absorptiometern (*J. Parus* u. a., VRP), Durchflußmessern (*U. Kath* u. a., DDR), den Einsatz von Gammadetektoren zur Vielkomponentenkontrolle (*F. Gofman* u. a., UdSSR).

Interessante Ergebnisse wurden zur Erprobung einer Versuchsapparatur zur zweistufigen Verglasung flüssiger Abfälle mit einem Durchsatz von 10 – 20 dm^3/h mitgeteilt (*I. Steiskal* u. a., ČSSR).

Eine Reihe von Vorträgen war Untersuchungen zur Reinigung gasförmiger Auswürfe gewidmet, die bei den Operationen des Freilegens des Brennstoffs, bei Löseoperationen und bei der Verfestigung hochaktiver Abfälle entstehen (*L. Lasarev* u. a., UdSSR; *F. Kepak* u. a., ČSSR; *G. Bernhard* u. a., DDR). Es wurden die Rückhaltung der wichtigsten Spaltproduktnuklide an realen Systemen erprobt und die Bedingungen der Reinigung gasförmiger Auswürfe bis zu dem geforderten Aktivitätsniveau festgestellt.

Den Stand der Untersuchungen kann man gegenwärtig so einschätzen, daß die wichtigsten Extraktionsschemata der Wiederaufarbeitung in Pilotanlagen getestet, ein apparativ-technologisches Schema zur fluorierenden Wiederaufarbeitung des abgebrannten Brennstoffs des BOR-60 entwickelt, Möglichkeiten zur Gewinnung von Transplutoniumelementen und einzelner Spaltprodukte im technologischen Prozeß der Wiederaufarbeitung geschaffen, die Forderungen an ein komplexes Reinigungssystem für gasförmige Auswürfe präzisiert sowie einige Ausrüstungen dazu erprobt und wichtige Anlagen zur Verfestigung hochaktiver Abfälle als Bestandteile der technologischen Schemata als einsatzbereit demonstriert wurden.

Zur Analytik des Kernbrennstoffzyklus wurden Versuche vorgestellt, eine Laboranlage zur extraktiven Wiederaufarbeitung mit entsprechenden Gebern zur fernbedienten Kontrolle auszurüsten und zu automatisieren, wobei ein Strukturschema zum Einsatz von EDVA und Vorstellungen zur Nutzung des CAMAC-Systems erörtert wurden (*E. Vznuzdaev* u. a., UdSSR; *J. Parus* u. a., VRP). Fortschritte wurden auch bei der Entwicklung konkreter Kontrollmethoden und Geber für Parameter des technologischen Prozesses erzielt (Durchsatz, Niveau der Phasen, Konzentrationen an U, Pu, Säure, Valenzzustände der Elemente usw.), wobei die Messung der Valenzzustände und von Mikrokonzentrationen im on-line-Betrieb noch nicht befriedigend gelingt.

Eine nicht geringe Zahl von Arbeiten war Methoden zur Bestimmung des Abbrandes und anderer Kernbrennstoffparameter gewidmet. Aussichtsreich ist eine experimentell-rechnerische Methode, bei der die gammaspektrometrische Messung der Konzentrationen von ^{137}Cs, ^{134}Cs und ^{106}Ru mit der auf Grund genau bekannter Bestrahlungsparameter erfolgenden Berechnung der Konzentrationen der Nuklide des Urans und Plutoniums und ihres Beitrags zum Abbrand kombiniert wird (*V. Bulovic* u. a., SFRJ/ČSSR; *B. Bibichev* u. a., UdSSR). Bedeutung kann auch die Abbrandbestimmung über die Registrierung der Neutroneneigenstrahlung der Brennelemente gewinnen (*N. Kasarinov* u. a., UdSSR). Neue Möglichkeiten eröffnet die Verwendung stabiler Nuklide der Spaltprodukte Ruthenium und Molybdän als Monitore für den allgemeinen und partiellen Abbrand (*A. Herman* u. a., DDR). Ausführlich wurden Untersuchungen zu Isotopenkorrelationen im abgebrannten Kernbrennstoff der WWER-Reaktoren in Nowoworonesch (*B. Bibichew* u. a., UdSSR) und Rheinsberg (*R. Berndt* u. a., *A. Hermann*, DDR) sowie des Reaktors A-1 in Jaslovske Bohunice (*J. Krtil* u. a., ČSSR/SFRJ; *V. Smulek* u. a., VRP/ČSSR/SFRJ) dargelegt. In den Arbeiten wurden die großen Möglichkeiten dieser Methode zur Lösung von Aufgaben zur Bestimmung der Isotopen- und Elementzusammensetzung des Brennstoffs und seines Abbrandes aufgezeigt. Diese Arbeiten erbrachten eine Vielzahl experimenteller Daten zur Präzisierung der Rechenprogramme, die in KKW eingesetzt werden.

Ergebnisse zur Vervollkommnung von Präzisionsmethoden zur Bestimmung von U und Pu betrafen eine modifizierte Methode nach *Davis-Gray-Eberle* für Uran (*T. Makarowa* u. a., UdSSR), eine Methode zur gemeinsamen massenspektrometrischen Bestimmung von U und Pu durch Isotopenverdünnung (*F. Sus* u. a., ČSSR) und die Bestimmung von Pu durch alphaspektrometrische Isotopenverdünnung (*T. Makarowa* u. a., UdSSR). Weiterentwickelt wurde differentielle und kinetische spektrophotometrische Methoden zur Bestimmung vom Uran (*T. Makarowa* u. a., UdSSR), Seltenen Erden (*M. Mokhai* u. a., UVR/UdSSR), Palladium und Rhodium (*N. Gorski*, DDR) in technologischen Lösungen und von Chlorionen mit Hilfe ionenselektiver Elektroden (*D. Novak* u. a., UVR/UdSSR). Es sollte auch der erfolgreiche Abschluß des Experiments SROK-II genannt werden, in dem erstmals in der Welt die Ergebnisse der Abbrandbestimmung mit verschiedenen Methoden auf breiter internationaler Grundlage verglichen wurden (*F. Sus* u. a., ČSSR).

Auf die Fragen der Abfallbeseitigung in KKW sei nur kurz eingegangen. Zur Konzentrierung flüssiger Abfälle ist die Verdampfung am weitesten entwickelt; daneben werden die Umkehrosmose und die Elektrodialyse auf ihre Eignung untersucht. Zur Verfestigung gilt die Bitumierung als aussichtsreichste Variante, für die mehrere Apparate verschiedener Konstruktion vorgestellt wurden. Feste Abfälle werden vor der Lagerung entweder verbrannt oder gepreßt. Für diese Prozesse sind mehrere technologische Ausrüstungen besprochen worden. Ein Fortschrit sollte in Zukunft bei der Behandlung gasförmiger Abfälle und bei der Volumenverminderung bei Abgabe von Ausrüstungen in den Abfall erzielt werden. Große Aufmerksamkeit wurde den Fragen der langjährigen Strahlensicherheit bei der Endlagerung (z. B. in Steinsalzformationen) geschenkt. Schließlich wurde über bedeutende Fortschritte bei der Dekontaminierung von Ausrüstungen und Gebäudeteilen von KKW (neue Rezepturen für Dekontaminierungslösungen, neue Methoden mit geringem Anfall an flüssigen Abfällen) berichtet.

Insgesamt entsprechen die dargelegten Ergebnisse den Aufgabenstellungen der jeweiligen RGW-Forschungs- und Entwicklungsprogramme.

A. Hermann

Eingegangen am 24. 6. 1981

A. M. Eid, M. A. Gomaa

Gamma-Ray and Neutron Dosimetry Using Semiconductor Silicon Diodes (*in English*)

Isotopenpraxis 17 (1981) No. 11, p. 392 to 396
4 Fig., 6 Tab., 6 Ref.

Radiation response to gamma-ray absorbed dose in the range of 10 to 750 kGy and neutron absorbed dose in the range of 10 mGy to 700 Gy were investigated using Swedish manufactured silicon diode, type 5422. The results indicated that its sensitivity to gamma-rays is 17·6 mV/kGy up to 60 kGy, and its sensitivity reduces to 10·17 mV/kGy from 70 kGy up to 700 kGy within an error of ± 7%, while its response to fast fission neutrons is 67 mV/Gy. Factors affecting dosimeter reading such as dosimeter reading at high temperature, dosimeter annealing and reusability are also studied. The system was used for gamma ray and neutron dosimetry around high level gamma-ray source, reactor ducted concrete shield, and it is also examined for reactor core dosimetry.

А. М. Айд, М. А. Гомаа

Гамма- и нейтронная дозиметрия с использованием полупроводниковых кремневых диодов (*на англ. языке*)

Isotopenpraxis 17 (1981) вып. 11, стр. 392 до 396
4 рис., 6 табл., 6 лит.

Рассматривается радиометрическое показание относительно поглощенных доз гамма-излучения в пределах от 10 до 750 kGy, и применительно к поглощенным нейтронным дозам от 10 mGy до 700 Gy, выполненное с использованием швецких кремневых диодов типа 5422. Результаты показали, что по отношению к гамма-излучению до 60 kGy чувствительность составляет 17,6 mV/kGy, и что между 70 kGy и 700 kGy она снижается до 10,17 mV/kGy с ошибкой в ± 7% в то время, когда чувствительность в отношении быстрых нейтронов деления составляет 67 mV/Gy. Рассматривались также факторы, оказывающие влияние на показание дозиметра, как-то высокая температура, накаливание дозиметра, и вопрос повторного использования. Система использовалась для гамма- и нейтронной дозиметрии около сильного гамма-источника и в бетонной защите реактора; она также предусматривается для дозиметрии в активной зоне реактора.

U. Loetzsch, R. Winkler

Physical and Measuring Principles of Nuclear Well Logging Techniques (*in English*)

Isotopenpraxis 17 (1981) No. 11, p. 396 to 399
– Fig., 2 Tab., 5 Ref.

Proceeding from the general task of nuclear geophysics as a special discipline of applied geophysics, the essential physical problems of nuclear well logging techniques are considered. Particularly, the quantitative connexion between measured value and interesting geologic parameter to be determined are treated taking into account internal and external perturbation parameters. Resulting from this study, the technological requirements for radiation sources and there necessary screening, for detectors, electronic circuitry in logging tools, signal transmission by the cable and recording equipment are derived, and explained on examples of gamma-gamma- and neutron-neutron-logging.

В. Лётцш, Р. Винклер

Физические основы и вопросы измерения ядернофизических методов кароттажа (*на англ. языке*)

Isotopenpraxis 17 (1981) вып. 11, стр. 396 до 399
– рис., 2 табл., 5 лит.

Исходя из постановки задач ядерной геофизики, как части прикладной геофизики, рассмотрены важные физические вопросы ядернофизических методов кароттажа при помощи количественной связи между величиной измерения и интересуемым геологическим параметром с особым учетом внутренних и внешних параметров возмущения.
На их основе выведены требования относительно техники измерений при использовании источников измерения к необходимому экранированию, к детекторам, к обрабатывающей электронике в скважинном зонде, к передаче по кабелю и технике регистрации. Все это комментировано на примерах Гамма-Гамма и Нейтрон-Нейтронного каротажа.

P. Nikolov, S. Niese

Experimental Determination of k_0 Factors and Their Utilization for the Estimation of Nuclear Data

Isotopenpraxis 17 (1981) No. 11, p. 400 to 403
– Fig., 4 Tab., 25 Ref.

Some k_0-coefficients for multielemental activation analysis are determined experimentally and compared with values calculated from nuclear data and with values published by other authors.

П. Николов, С. Нийзе

Экспериментальное определение коэффициентов размножения κ_0 и их применение для оценки ядерных данных

Isotopenpraxis 17 (1981) вып. 11, стр. 400 до 403
– рис., 4 табл., 25 лит.

В целях стандартизации процесса многоэлементного нейтронноактивационного анализа были определены некоторые коэффициенты κ_0 и сравнены с данными, установленными расчетом на базе ядерных данных, или же определившимися другими авторами.

Meetings

Isotopenpraxis 17 (1981) No. 11, p. 403 to 404

Совещания

Isotopenpraxis 17 (1981) вып. 11, стр. 403 до 404

Contents of this Issue

Articles